Jardim de polinizadores

CONSELHO EDITORIAL
André Costa e Silva
Cecilia Consolo
Dijon de Moraes
Jarbas Vargas Nascimento
Luis Barbosa Cortez
Marco Aurélio Cremasco
Rogerio Lerner

Blucher

Linda Lacerda

Jardim de polinizadores

Jardim de polinizadores
© 2022 Linda Lacerda
Editora Edgard Blücher Ltda.

Publisher Edgard Blücher
Editor Eduardo Blücher
Coordenação editorial Jonatas Eliakim
Produção editorial Luana Negraes
Diagramação Guilherme Henrique
Revisão de texto Maurício Katayama
Capa Leandro Cunha
Imagem da capa iStockphoto

Blucher

Rua Pedroso Alvarenga, 1245, 4º andar
04531-934 – São Paulo – SP – Brasil
Tel.: 55 11 3078-5366
contato@blucher.com.br
www.blucher.com.br

Segundo o Novo Acordo Ortográfico, conforme
5. ed. do *Vocabulário Ortográfico da Língua Portuguesa*,
Academia Brasileira de Letras, março de 2009.

É proibida a reprodução total ou parcial por
quaisquer meios sem autorização escrita da editora.

Todos os direitos reservados pela Editora Edgard
Blücher Ltda.

Dados Internacionais de Catalogação na Publicação (CIP)
Angélica Ilacqua CRB-8/7057

Silva, Linda Lacerda da
    Jardim de polinizadores / Linda Lacerda. – São Paulo
: Blucher, 2022.
    104 p. : il., color.

    Bibliografia
    ISBN 978-65-5506-092-8 (impresso)
    ISBN 978-65-5506-093-5 (eletrônico)

    1. Botânica 2. Jardins 3. Polinização I. Título.

21-5690   CDD 580

Índice para catálogo sistemático:
1. Botânica

*Aos meus filhos, Matheus e Ian
e, em especial, à minha netinha, Julia, que adora borboletas.*

Conteúdo

Capítulo 1

Conceitos botânicos, zoológicos e ecológicos, 9

Introdução, 9

Angiospermas, 12

    Conceito e partes da flor, 12

    Cálice, 13

    Corola, 13

    Androceu, 16

    Gineceu, 17

    Nectários florais, 17

    Polinização, 18

Ciclo de vida das angiospermas, 18

    Zoofilia, 20

    Entomofilia, 20

    Cantarofilia, 20

    Miiofilia, 23

    Sapromiiofilia, 24

    Psicofilia, 25

        Falenofilia/esfingofilia, 26

        Melitofilia, 27

Os primeiros polinizadores, 29

Polinização realizada por vertebrados, 29

Ornitofilia/troquilofilia, 30

Quiropterofilia, 32

Polinização mista, 34

Exercícios, 35

Referências, 38

Capítulo 2

Planejamento, implantação e manutenção dos jardins, 41

Etapas gerais, 41

Jardim das borboletas, 47

Jardim das abelhas, 58

Jardim dos beija-flores, 76

Exemplos de jardins amigos dos polinizadores, 88

Referências, 100

Capítulo 1

Conceitos botânicos, zoológicos e ecológicos

Introdução

O que é um jardim? Como terá sido sua evolução ao longo dos tempos? E nos dias atuais, com todas essas mudanças climáticas no nosso planeta, como nós, "jardineiros", podemos contribuir para amenizar as ameaças constantes à fauna e à flora?

Segundo os dicionários, um jardim é um "terreno onde se cultivam flores e plantas de adorno, localizado em espaço público ou privado (podendo, ou não, estar na dependência de um edifício), geralmente cercado por muro, grade ou vedação, que serve de lugar de recreação e passeio". Mas qual terá sido o primeiro jardim construído no mundo?

A história diz que, em cerca de 10.000 a.C., no leste da Ásia, foi construído o primeiro jardim, com área delimitada para evitar a entrada de animais e de intrusos. Essa prática expandiu-se para a Grécia e para outras regiões onde hoje estão a Espanha, Alemanha, França, Inglaterra etc. Após o surgimento das primeiras civilizações, pessoas de posses começaram a criar jardins com interesses estéticos apenas. O jardim de Ptolomeu, em Alexandria (Egito), foi um dos mais famosos da Antiguidade. Possuía canais de irrigação, esculturas, muros, desenhos de linhas retas e formas simétricas. Valorizava o sentido religioso e simbólico de muitas plantas, como papiro, lótus, tamareira, videira, romã, figueira e cipreste. Entre 604 e 562 a.C. foram construídos os magníficos Jardins Suspensos da Babilônia em terraços de 25 a 100 metros de altura. Eram irrigados e criavam um "oásis" com sombra e proteção, fornecendo conforto térmico. Esses jardins foram construídos pelo rei Nabucodonosor para sua esposa preferida, Amitis, nascida em um reino vizinho e que sentia saudades dos campos e florestas da sua terra natal. Os romanos abastados também criaram extensos jardins. As residências tinham jardins internos para a realização de festas, com estátuas, mesas de mármore, pérgolas, espelhos d'água, vasos e floreiras. As espécies mais utilizadas eram os ciprestes, álamos, buxos, videira, hera, macieira, rosas e as flores anuais. Faziam uso da técnica da topiária em algumas plantas, mantendo-as podadas com diferentes formatos.

No século XX, os jardins sofreram a influência do Modernismo. O paisagista Roberto Burle Marx renovou o paisagismo no Brasil, pesquisando e valorizando as espécies nativas, adotando o estilo jardim natural, com os princípios da arte moderna no desenho e na distribuição das espécies (BELLÉ, 2013).

Atualmente, devido às mudanças climáticas causadas pelo aumento da temperatura global, às queimadas, ao uso de pesticidas e às perdas de *habitats,* muitas espécies vegetais e animais estão ameaçadas de extinção ou mesmo extintas. O estilo de vida do homem moderno tem sido apontado como um dos responsáveis por tudo isso. Dentre as espécies animais sob ameaça, encontram-se os polinizadores, que são responsáveis pela produção de diversos tipos de alimentos utilizados pelo homem. Sua extinção prejudicará seriamente a sobrevivência da humanidade (BROWN, 2009; SALA *et al.*, 2000; SILVA, 2020). Em face da gravidade desse problema, estão sendo realizadas pesquisas e ações visando à sua conservação. Na Europa, por exemplo, organizações não governamentais como o programa Governos Locais pela Sustentabilidade (ICLEI), com sede em Bonn, Alemanha, promove o desenvolvimento sustentável; a União Internacional para a Conservação da Natureza (IUCN), com sede em Gland, Suíça, tem como missão fornecer consultoria técnica aos governos locais para atender aos objetivos de sustentabilidade, por meio de um programa específico para a conservação dos polinizadores em área urbana – *Um guia para cidades amigas dos polinizadores: Como os planejadores urbanos e os gestores do uso da terra podem criar ambientes urbanos favoráveis para os polinizadores?* As cidades interessadas se inscrevem e recebem a consultoria para a execução do projeto. No Reino Unido, foi executado pelo governo, sob a orientação dos pesquisadores da Universidade de Bristol, o projeto *Urban Pollinators Project – Flower Margins as a Tool for Pollinator Conservation in Urban Areas (Projeto de Polinizadores Urbanos – Margens Floridas como Ferramenta para Conservação de Polinizadores em Áreas Urbanas).* Já os Estados Unidos criaram um programa completo de conservação dos polinizadores através do Departamento de Agricultura (*United States Department of Agriculture-USDA*), em que realizam pesquisas e orientam fazendeiros e jardineiros profissionais, ou amadores, na realização de ações em prol da conservação dos polinizadores. O programa oferece orientações e materiais para estimular as pessoas comuns a implantarem jardins amigáveis para os polinizadores, como abelhas, borboletas, mariposas e beija-flores. Além disso, há no país uma extensa literatura sobre a implantação desses jardins, como: *Pollinator friendly gardening: gardening for bees, butterflies, and other pollinators* (HAYES, 2015) e *Gardening for Birds, Butterflies & Bees* (BIRDS; BLOOMS, 2018), entre outros.

Esse jardim é semelhante ao chamado de *Wildlife Garden* (Jardim de Vida Selvagem ou Jardim Selvagem), que consiste num refúgio sustentável para a vida selvagem do entorno. O criador deste estilo de jardim foi o jardineiro e jornalista irlandês William Robinson, que publicou o livro *The Wild Garden*, em 1870. Neste estilo de jardim, dá-se prioridade às plantas nativas, agrupadas com plantas exóticas, para acolher a fauna local.

No Brasil, a comunidade científica tem se empenhado bastante na conservação dos polinizadores. Em 2000, os pesquisadores brasileiros foram apresentados à Iniciativa Internacional dos Polinizadores pelo Dr. Braulio S. F. Dias, no IV Encontro sobre Abelhas de Ribeirão Preto. Posteriormente, foi criada a Iniciativa Brasileira de Polinizadores, oficializada em 2005 pelo Ministério do Meio Ambiente (MMA). Em 2012, foi publicado o livro *Polinizadores no Brasil – Contribuição e perspectivas para a biodiversidade, uso sustentável, conservação e serviços ambientais* (HARTFELDER, 2013). O Instituto Chico Mendes de Conservação da Biodiversidade (ICMBIO) desenvolve o *Plano de Ação Nacional para a Conservação de Insetos Polinizadores (PAN-Insetos Polinizadores*), como as borboletas, mariposas e abelhas, e contemplará mais de 60 espécies ameaçadas de extinção reconhecidas como polinizadoras.

Espera-se que todos esses esforços culminem em uma política pública nacional que estimule a conservação de polinizadores em áreas urbanas e a construção de jardins amigáveis aos polinizadores, envolvendo toda a sociedade brasileira. Nesse sentido, este livro pretende ser uma singela contribuição para auxiliar neste processo, destinando-se a qualquer pessoa interessada no tema.

Este tipo de jardim adota práticas sustentáveis em todas as etapas de criação, privilegiando o uso de espécies nativas locais, ajustando a estética aos preceitos ecológicos da conservação dos polinizadores. Para sua implantação, são necessários conhecimentos botânicos, zoológicos e ecológicos para a escolha das espécies vegetais que vão atrair os diferentes grupos de polinizadores, boas práticas para minimizar impactos sobre os polinizadores e noções básicas de jardinagem e paisagismo.

Angiospermas

As angiospermas são comumente conhecidas como plantas com flores, frutos e sementes. O termo *angiosperma,* que vem do grego *angion* (recipiente), refere-se às sementes protegidas nos frutos, que são os ovários maduros. É o grupo de plantas com maior diversidade e mais amplamente distribuído, possuindo mais de 250.000 espécies, cerca de 90% de todas as espécies vegetais. Estão reunidas no grupo *Anthophyta* (do grego *anthos,* flor). Surgiram há 130 milhões de anos, no início do período Cretáceo. Há 90 milhões de anos já dominavam a paisagem da Terra e muitas famílias e gêneros atuais já existiam há 75 milhões de anos.

As angiospermas estão presentes nos mais variados locais do planeta, desde desertos, florestas, campos, até o fundo do mar. Apresentam variados tipos de hábito e podem ser ervas, arbustos, árvores, palmeiras, epífitas e trepadeiras. No final da década de 1990, as plantas com flor foram classificadas em dois grupos, com base parcialmente no número de cotilédones-folhas embrionárias. As espécies com um cotilédone eram chamadas de monocotiledôneas e aquelas com dois, dicotiledôneas. Todavia, estudos recentes de DNA indicam que as distinções entre monocotiledôneas e dicotiledôneas não refletem inteiramente as relações evolutivas dessas flores. Dessa forma, a grande maioria das espécies antes classificadas como dicotiledôneas formam o grande clado das eudicotiledôneas (dicotiledôneas "verdadeiras"). As dicotiledôneas mais primitivas estão agrupadas em várias pequenas linhagens. Três linhagens são, informalmente, denominadas angiospermas basais: ninfeia, anis-estrelado e *Amborella trichopoda*. As magnolídeas (magnólia, louro e papo-de-peru), a quarta linhagem, evoluiu posteriormente (CAMPBELL; REECE, 2010; EVERT; EICHHORN, 2019).

Conceito e partes da flor

A flor é o órgão de reprodução das angiospermas e é constituída por folhas modificadas, chamadas esporofilos. Quando completa, apresenta pedicelo, receptáculo e verticilos florais. Estes últimos são diferentes partes da flor, formadas por conjuntos de folhas modificadas. Uma flor completa possui quatro verticilos; cálice: corola, androceu e gineceu (Figura 1.1).

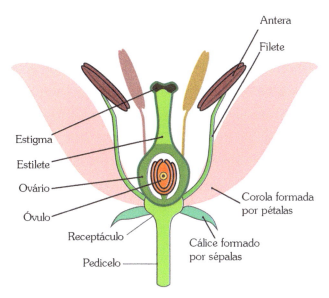

Figura 1.1 Esquema de uma flor completa.

Fonte: Adaptada de Depositphotos Inc. Licença: Padrão. ID do arquivo: 202039610. Data: 04/02/2021.

Cálice

É o primeiro verticilo floral, formado por sépalas, que geralmente apresentam cor verde. Quando as sépalas são coloridas em tons diferentes de verde diz-se que o cálice é petaloide. As sépalas podem estar unidas ou separadas. Neste caso, diz-se que o cálice é gamossépalo ou dialissépalo, respectivamente.

Corola

A corola é o segundo verticilo floral e é formado por pétalas. Se unidas, a corola é gamopétala; se separadas, a corola é dialipétala. A simetria da corola também influi na sua forma e função, podendo ser: actinomorfa, que permite a existência de vários planos de simetria, obtendo-se lados iguais; zigomorfa, que possui somente um plano de simetria e dois lados iguais; e assimétrica, ou sem simetria, por onde se passam planos imaginários e um lado sempre será diferente do outro (Figura 1.2 a, b, c). As corolas gamopétalas, quanto à simetria, podem ser actinomorfas ou zigomorfas, apresentando vários formatos, destacando-se as corolas hipocrateriformes, infudibuliformes, e labiadas, respectivamente (Figuras 1.3 a, b e 1.4). Às vezes, as pétalas podem apresentar manchas ou desenhos que servem como guias de néctar. As sépalas e as pétalas são órgãos estéreis e não estão diretamente envolvidas na reprodução. Flores polinizadas pelo vento, isto é, flores anemófilas, não são coloridas (exemplos: cana-de açúcar, trigo e grama) (Figura 1.5).

Figura 1.2 Tipos de simetria da corola: **a** – Actinomorfa (exemplo: flor do pequi – *Caryocar brasiliense* Cambess); **b** – Zigomorfa (exemplo: orquídea-bambú – *Arundina graminifolia* (D. Don) Hochr.); **c** – Assimétrica (exemplo: cana-da-índia – *Canna indica* L.).

Fonte: **a** – Adaptada de Pixabay. Pixabay License. Grátis para uso comercial. Atribuição não requerida; **b**, **c** – Fotos de Linda Lacerda.

Figura 1.3 Corolas gamopétalas actinomorfas: **a** – Infundibuliforme (exemplo: *Ipomoea* sp.); **b** – Hipocrateriforme (exemplo: bela-emília – *Plumbago auriculata* Lam.).

Fonte: **a** e **b** – Pixabay License. Grátis para uso comercial. Atribuição não requerida.

Figura 1.4 Corola gamopétala zigomorfa labiada (exemplo: flor branca do camarão-vermelho – *Justicia brandegeeana* Wassh. & L. B. Sm.).

Fonte: Fotos de Linda Lacerda.

Figura 1.5 Flores anemófilas (exemplo: capim-do-texas – *Pennisetum setaceum* (Forssk.) Chiov.).
Fonte: Foto de Linda Lacerda.

Androceu

O androceu é formado pelo conjunto de estames e é o terceiro verticilo floral. É o aparelho reprodutor masculino da flor. Os estames são formados pelo filete e pela antera. O filete se dilata na ponta formando o conectivo, ao qual se prende a antera. No interior das anteras estão os sacos polínicos, formados por microsporângios, que produzirão esporos através da meiose. Estes, em divisões mitóticas, formam o microgametófito. O grão de pólen é, então, o gametófito masculino envolvido por uma parede celular espessa, impregnada por espo-ropolenina. Após a abertura das anteras, chamada de deiscência, os grãos de pólen são liberados. Os tipos de estames podem revelar o tipo de polinizador a ser atraído, como os estames com anteras poricidas, que facilitam a retirada do pólen, com segurança, por uma abelha.

Gineceu

É o aparelho reprodutor feminino, formado por um ou mais carpelos. O **carpelo** possui três regiões distintas: uma base mais dilatada, chamada de **ovário,** que origina os **óvulos,** outra região mais fina e comprida como um tubo, denomi-nado **estilete**. O estilete termina numa região rica em glândulas produtoras de substâncias viscosas, chamada de **estigma,** cuja função principal é fixar o grão de pólen.

Nectários florais

Algumas flores podem apresentar glândulas especiais, chamadas de **nectários florais**. Esses nectários produzem o néctar, solução altamente açucarada, que atrai visitantes para a flor. São quatro os principais tipos. Todavia, existem nec-tários extraflorais que atuam na polinização (Tabela 1.1).

Tabela 1.1 Principais tipos de nectários florais e extraflorais

Tipo de nectário	Características	Classe/famílias (exemplos)
Disco nectarí-fero	Massa cerosa contínua ou descontínua, geral-mente ao redor do ovário, no centro da flor	*Rosaceae, Meliaceae, Rutaceae, Fabaceae, Convolvulaceae*
Nectário septal	Néctar secretado diretamente da epiderme da parede externa dos carpelos; acumula-se em cavidade formada entre os septos e é conduzido por capilaridade à superfície da flor	Monocotiledôneas
Pelos nectarí-feros	Pelos ocos que produzem e secretam o néctar. Podem estar localizados em qualquer ponto da corola, ou mesmo sobre os estames e ovário	*Bignoniaceae*

Tipo de nectário	Características	Classe/famílias (exemplos)
Difuso	Néctar é secretado por células epidérmicas das pétalas, sem qualquer estrutura especializada	*Ericaceae,* algumas *Orchidaceae, Ranunculaceae*
Nectário extra-floral	Glândulas nas inflorescências, próximas das flores diminutas.	*Euphorbiaceae*
	Pedicelo da flor, possui uma estrutura semelhante a uma jarra, pendente por um pedúnculo. No interior da jarra, há produção abundante de néctar	*Marcgraviaceae*

Fonte: Adaptada de Apezzato-da-Glória; Carmelo-Guerreiro, 2003; Cutter, 1986; Cutter, 1987; Esau, 1960; Ferri; Menezes; Montenegro, 1981; Evert; Eichhorn, 2019.

Polinização

A polinização é o transporte do grão de pólen da antera até o estigma da flor. Este transporte pode ocorrer em uma mesma flor e é chamado de **autopolinização.** Se o transporte do pólen for feito até o estigma das flores de um mesmo individuo, denomina-se **geitonogamia;** se ocorrer entre indivíduos distintos de uma mesma espécie, chama-se **xenogamia** (VIEIRA; FONSECA, 2014).

A **geitonogamia** e a **xenogamia** dependem de vetores de pólen, bióticos ou abióticos, para que ocorra o transporte do pólen de uma flor até o estigma. Por isso, são consideradas polinizações cruzadas (RICHARDS, 1977 *apud* VIEIRA; FONSECA, 2014).

Os **agentes polinizadores** podem ser: o vento (**anemofilia**), a água (**hidrofilia**) e os animais (**zoofilia**). As especificações sobre os tipos de zoofilia serão tratadas em item posterior.

Ciclo de vida das angiospermas

O esporófito, isto é, a planta em flor, produzirá micrósporos que formam gametófitos masculinos e megásporos, que produzem gametófitos femininos (Figura 1.6). Nas anteras são produzidos os microesporângios, que formam os micrósporos através da meiose. Os micrósporos transformam-se em grãos de pólen, que contêm os gametófitos masculinos.

O gametófito masculino apresenta duas células haploides, a célula generativa, que, após divisão, forma dois núcleos espermáticos, e uma célula do tubo, ou célula vegetativa, que forma o tubo polínico. Em cada óvulo que existe no ovário desenvolve-se um gametófito feminino, também conhecido como saco embrionário, formado por apenas poucas células, uma das quais é a oosfera.

Quando a antera se abre, o pólen é transportado, por agentes polinizadores, até o estigma, no ápice do carpelo. O grão de pólen germina após se fixar no estigma de um carpelo. O gametófito masculino do grão de pólen libera um tubo polínico que cresce dentro do estilete do carpelo. Quando chega ao ovário, o tubo polínico penetra através da micrópila, abertura nos tegumentos do óvulo, e descarrega dois núcleos espermáticos (n) no gametófito feminino (saco embrionário). Um dos núcleos espermáticos (n) fecunda a oosfera (n), formando o zigoto diploide (2n). O outro se funde com os dois núcleos da grande célula média do gametófito feminino, produzindo uma célula triploide (3n). Esta dupla fecundação, que produz um zigoto e uma célula triploide, é um evento exclusivo das angiospermas (CAMPBELL; REECE, 2010).

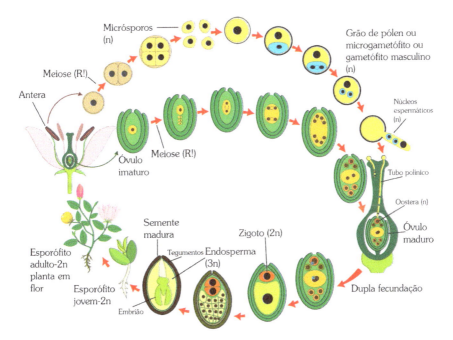

Figura 1.6 Ciclo de vida das angiospermas.

Fonte: Adaptada de Depositphotos Inc. Licença: Padrão. ID do arquivo: 202039320. Data: 04/02/2021.

Dessa forma, após a fecundação, o óvulo desenvolvido origina a semente e o ovário transforma-se no fruto.

Existem muitos tipos de frutos e sementes. Suas características morfológicas relacionam-se com seus diferentes tipos de dispersão, processo pelo qual frutos e sementes são levados para outros locais, para continuidade do processo de colonização de novas áreas.

Zoofilia

Síndrome floral ou de polinização é o conjunto de atributos florais comuns a determinado grupo de polinizadores (FAEGRI; VAN DER PIJL, 1979). Cada tipo de flor apresenta características específicas que explicam os diferentes processos de polinização por zoofilia. Estas características surgiram, ao acaso, ao longo de um lento processo de milhões de anos de evolução conjunta de plantas e animais. A identificação do tipo de síndrome é feita pela análise da morfologia da flor, dos recursos florais (pólen, néctar, óleos, resinas, perfumes) e das características morfológicas, fisiológicas e comportamentais dos polinizadores.

Entomofilia

São os processos de polinização realizados pelos insetos, animais invertebrados, com três pares de patas e um par de antenas. Seu processo de diversificação biológica está intimamente relacionado com o surgimento das angiospermas.

Cantarofilia

É o conjunto de características que explica a polinização realizada pelos besouros, insetos primitivos com aparelho bucal mastigador e hábitos crepusculares. Possuem boa visão e percebem odores. A maioria das espécies alimenta-se de partes da flor, como sépalas, pétalas e estames, e pousam nas flores.

As flores possuem antese crepuscular, odores fortes, adocicados ou de podre, e quatro formatos principais, conforme Tabela 1.2. Apresentam cores neutras, com exceção do tipo "tigela pintada", que é colorida. Os ovários são protegidos, com muitas pétalas, estames e sem guia de néctar. Às vezes, há armadilhas nas flores. Algumas flores possuem pétalas carnosas, maciças, nutritivas, com capacidade de produzir calor, e são predominantemente hermafroditas. Algumas espécies têm câmaras florais, onde polinizadores se refugiam de inimigos naturais, chuva, frio, local para cópula, oviposição e fonte de recurso alimentar. Os principais besouros polinizadores pertencem às famílias *Scarabaeidae, Nitidulidae, Staphilinidae* e *Curculionidae*, mas *Chrysomelidae* e *Tenebrionidae* também são representativos (FAEGRI; VAN DER PIJL, 1979; PAULINO-NETO, 2014).

Tabela 1.2 Flores cantarófilas

Tipo de flor	Descrição	Referências
1 – Câmara floral 1.1 – Flor de Araceae	Mais comum: **Araceae e Cyclanthaceae**; expansão das brácteas que circundam a inflorescência, formando caverna. **Myristicaceae**: a câmara floral formada por pequeno perianto fundido, formando uma espécie de tubo. **Magnoliales Annonaceae, Magnoliaceae**: flor de Annona sp. são visitadas por besouros-escaravelhos.	BERNHARDT, 2000 DIERINGER; ESPINOSA, S., 1994; GOTTSBERGER; SILBERBAUER--GOTTSBERGER, 2006; PAULINO-NETO; OLIVEIRA, 2006; GOTTSBERGER *et al.*, 2012; GOTTSBERGER, 2012 *apud* PAULINO-NETO, 2014.
1.2 – Flor de Annonaceae 1.3 – Flor de Nymphaeaceae	Calycanthaceae, Eupomatiaceae, Nymphaeaceae: perianto em espiral contínua ou repetida, sobrepondo verticilos de forma que pétalas, sépalas ou mesmo tépalas se dobrem para o centro da flor, encobrindo o gineceu e o androceu e formando uma espécie de salão onde visitantes florais podem se abrigar. Androceu e gineceu ficam expostos, é possível observar os besouros visitando as flores sem ser necessário afastar as pétalas ou sépalas.	

Tipo de flor	Descrição	Referências
2 – Flor em pincel	Comum entre palmeiras-Arecaceae, muitas flores pequenas e unissexuais com perianto reduzido ou ausente e sem brácteas que encobrem e/ou envolvem as anteras deiscentes e estigmas receptivos. Assim, besouros ficam expostos. É possível observar seu comportamento ao forragearem pólen e secreções estigmáticas ou ao se alimentarem de partes florais.	BERNHARDT, 2000.
3 – Flor bilabiada	Ocorre somente em Lowiaceae e Orchidaceae – simetria bilateral e onde uma pétala funciona como uma plataforma de pouso ou labelo. Inúmeras espécies de orquídeas são cantarófilas, com registros na África, América Central e América do Sul.	BERNHARDT, 2000. SINGER; COCUCCI, 1997; STEINER, 1998;
4 – Tigela 4.1 – Flor de *Ranunculus asiaticus* L. 4.2 – *Neomarica caerulea* (Ker Gawl.) Sprague (Iridaceae)	"a- Muito diverso e encontrado em locais com clima mediterrâneo, sul da África e sudeste da bacia mediterrânea. Flores bissexuais e o perianto formam uma espécie de tigela devido ao formato côncavo dado pela posição das pétalas. Flores podem variar de multiestaminadas e multiverticiladas, como em *Ranunculus asiaticus* L. (Ranunculaceae) b- Flores com um único verticilo e com apenas três estames por flor, como observado na família Iridaceae. Nesse modo floral ocorre antese diurna, a maioria das espécies não emite odores, mas, quando emite, são fracos e raramente adocicados, e não há registros de termogênese. Flores "tigela pintada" apresentam cores bem vivas e chamativas (daí o nome "tigela pintada"); o pólen parece ser o único recurso alimentar oferecido aos besouros."	PETER; JOHNSON, 2006, 2009; JOHNSON *et al.*, 2011 *apud* PAULINO-NETO, 2014. BERNHARDT, 2000.

Fonte: Adaptada de Paulino-Neto, 2014.

Fonte das imagens: **1.1** Flor de Araceae – Pixabay License. Grátis para uso comercial. Atribuição não requerida; **1.2** – Flor de Annonaceae – iStock, ID do arquivo de estoque: 1299015693. Licença: Padrão. Coleção: Essentials; **1.3** – Flor de Nymphaeaceae – Pixabay License. Grátis para uso comercial. Atribuição não requerida; **4.1** – Flor de *Ranunculus asiaticus* L. – Pixabay License. Grátis para uso comercial. Atribuição não requerida; **4.2** – *Neomarica caerulea* (Ker Gawl.) Sprague (Iridaceae) – Foto de Linda Lacerda.

Miiofilia

É o caso das moscas que se alimentam de pólen, néctar e substâncias precursoras de feromônios. As moscas possuem aparelho **bucal lambedor** e têm **hábitos diurnos**. Os recursos são acessíveis e as flores têm antese diurna, forma de **prato ou tubulares**, brancas, creme e amarelo-esverdeada, às vezes com guia de néctar. Podem exalar odor suave e adocicado ou o **odor é imperceptível** (FAEGRI; VAN DER PIJL, 1979; PROCTOR et al., 1996; VIEIRA; FONSECA, 2014). Estas moscas são chamadas de moscas-das-flores e pertencem à família Shyrphidae. À primeira vista parecem abelhas (Figura 1.7). Alguns exemplos de espécies que atraem este tipo de mosca são a pitangueira (*Eugenia uniflora* L.) cujas flores foram visitadas pela mosca Salpingogaster sp. (Diptera: Syrphidae) (PELACANTI et al., 2000) e a canela-sassafrás, *Ocotea odorifera* (Vellozo) J. G. Rohwer (ARRUDA; SAZIMA, 1996 apud CARVALHO, 2005).

Figura 1.7 Polinização por mosca-das-flores, da família Syrphidae.

Fonte: Pixabay License. Grátis para uso comercial. Atribuição não requerida.

Sapromiiofilia

É a polinização realizada por moscas saprófitas, que se alimentam e/ou depositam seus ovos em matéria orgânica em decomposição, visitando as flores por engano. Essas flores são malcheirosas e possuem cor púrpura, opaca e com manchas claras, sem recurso e sem guia de néctar. Algumas possuem armadilhas (FAEGRI; VAN DER PIJL, 1979; VIEIRA; FONSECA, 2014). Flores de *Stapelia schinzii* Berger & Schltr., uma planta suculenta africana, são polinizadas por moscas varejeiras. A bela planta trepadeira papo-de-peru (*Aristolochia gigantea* Mart, & Zucc.) possui flores-armadilha, púrpuras, com manchas brancas, que cheiram a fezes e são polinizadas por moscas. Estas espécies possuem flores de engodo (Figura 1.8).

Figura 1.8 Flores de engodo de *Aristolochia gigantea* Mart. & Zucc.
Fonte: Pixabay License. Grátis para uso comercial. Atribuição não requerida.

Psicofilia

Define a polinização por borboletas (Lepdoptera-Rhopalocera) que possuem aparelho bucal sugador. As borboletas distinguem-se das mariposas por pousarem com as asas fechadas e possuírem antenas finas, com duas esferas nas pontas. A probóscide é longa e fina, o olfato é fraco, a visão é boa e enxergam as cores, inclusive o vermelho. Possuem hábitos diurnos, pousam nas flores para se alimentar de néctar. Seu metabolismo não é muito ativo e, por isso, não voam muito. As flores preferidas são coloridas (amarelas, azuis, laranja e vermelhas), isoladas ou em inflorescência, com corolas tubulosas, com guia de néctar simples ou guia mecânico para direcionamento da língua, às vezes com calcar, com antese diurna. Possuem odor delicado (FAEGRI; VAN DER PIJL, 1979; VIEIRA; FONSECA, 2014). As flores da marianinha, *Lantana camara* L., esporinha e aquelas das inflorescências das asteráceas, como zinias, girassol, são polinizadas por borboletas (Figura 1.9).

Figura 1.9 a – Polinização por borboleta em *Zinnia peruviana* L.; **b** – *Streptosolen jamesonii* (Benth.) Miers.; **c** – *Lantana camara* L.

Fonte: **a** – Pixabay License. Grátis para uso comercial. Atribuição não requerida; **b** e **c** – Fotos de Linda Lacerda.

Falenofilia / esfingofilia

As relações mutualísticas entre plantas e mariposas (Lepidoptera, Heterocera) estão entre as mais frequentes em ambientes tropicais. As mariposas noturnas possuem um ótimo olfato, visão sensível a cores; à noite percebem contornos e dobras. A probóscide é muito longa e fina. Apresentam metabolismo acelerado, voam bastante e alimentam-se de néctar. As flores visitadas e polinizadas por estas mariposas são brancas ou palidamente coloridas, às vezes com vermelho esmaecido; possuem **antese noturna ou crepuscular**, corolas tubulares (hipocrateriformes ou infundibuliformes) ou em pincel (*brush flower*), com grande número de estames que dificultam o acesso ao néctar; forte emissão de odor adocicado.

As principais famílias de mariposas noturnas polinizadoras são Geometridae e Noctuidae, cujos indivíduos são pequenos, possuem probóscides compridas, finas e realizam a síndrome de falenofilia, pousando nas flores para se alimentar. A terceira família de mariposas noturnas, de importância na polinização, é Sphingidae, que apresenta indivíduos maiores, mais robustos, que não pousam nas flores, mantendo-se em voo pairado, enquanto sua longuíssima probóscide suga o néctar (Figura 1.10a). A polinização realizada pelos indivíduos da família *Sphingidae* é denominada esfingofilia. Logo, as mariposas mais características são as noturnas. Como em outros grupos, existem espécies mais primitivas, com tamanhos menores, que não se enquadram nas características dessas síndromes, como as mariposas diurnas, cujos hábitos são mais semelhantes aos das borboletas e que visitam e se alimentam das mesmas flores que as últimas. Outras espécies são mais destoantes ainda, como a mariposa-esfinge-colibri (Figura 1.10b), um esfingídeo de hábitos diurnos que se alimenta de néctar de flores ornitófilas e mimetiza um beija-flor. Dessa forma, mariposas diurnas não se enquadram em nenhuma síndrome (FAEGRI; VAN DER PIJL, 1979; ÁVILA JR., 2005).

As flores de *Maranta divaricata* e *Maranta protracta* são consideradas falenófilas, pois são polinizadas por noctuídeos, mariposas pequenas e noturnas, que pousam nas flores para se alimentar (TEIXEIRA, 2005). Já as flores das espécies arbóreas do cerrado, *Hymenaea courbaril* L. (jatobá), *Qualea grandiflora* Mart. (pau-terra-da-folha-larga), *Tocoyena formosa* (Cham. & Schltdl.) K. Schum (genipapo-bravo), são esfingófilas, pois são polinizadas por esfingídeos, mariposas noturnas, grandes, que se alimentam em voo pairado (ÁVILA JR., 2003). Há ainda as belíssimas espécies *Ipomoea alba* L. (dama-da-noite), também polinizada por esfingídeos, uma trepadeira subarbustiva, nativa das regiões tropicais e subtropicais do continente americano, que ocorre em todo o Brasil (GONÇALVES; VERÇOZA, 2017), e a estrela-do-norte (*Rosenbergiodendron formosum* (Jacq.) Fagerl), arbusto lenhoso, nativo dos cerrados do Brasil (LORENZI, 2015; BARRIOS; RAMÍREZ, 2020) (Figura 1.10c).

Figura 1.10 a – Esfingídeo visitando flor com antese noturna, de corola branca hipocrateriforme; **b** – Mariposa-colibri; **c** – Flor de *Ipomoea alba* L., com corola infundibuliforme.

Fonte: a – iStock. ID da foto de arquivo: 1266607235. Licença: Padrão. Banco de imagens: Lepidópteros; b – Pixabay License. Grátis para uso comercial. Atribuição não requerida; c – iStock. ID da foto de arquivo: 664967098. Categorias: Banco de imagens | Glória da manhã.

Melitofilia

É a polinização realizada por abelhas e vespas que pertencem ao grupo dos himenópteros. Possuem aparelho bucal lambedor, boa visão, olfato apurado, morfologia específica. Para aumentar a coleta do pólen, as abelhas usam as várias cerdas do corpo e das pernas para intensificar o batimento das asas e aumentar o número de grãos de pólen coletados (como o "buzz" de certas abelhas). A maior parte das plantas é polinizada por abelhas. Existem espécies solitárias, parassociais, quase sociais e sociais. Algumas possuem ferrão desenvolvido e outras possuem ferrão atrofiado (Tribo *Meliponini*). As abelhas visitam as flores para se alimentar de néctar e coletar pólen, óleo, resina e perfume. Ao retornarem ao ninho, o pólen é misturado com diferentes tipos de enzimas, secretadas pelas abelhas para a obtenção de mel, cera, própolis e geleia real.

As flores visitadas pelas abelhas possuem tamanhos e formas variados, têm antese diurna, odores suaves e adocicados; podem ser brancas, azuis, amarelas, lilases, mas nunca vermelhas. Algumas flores podem apresentar desenhos específicos nas sépalas ou pétalas, chamados de guias de néctar, que orientam as abelhas, com facilidade, até os nectários.

As abelhas, como os demais insetos, conseguem enxergar sob a luz ultravioleta, que intensifica o brilho da flor, facilitando o acesso aos nectários florais. As vespas, na fase adulta, geralmente alimentam-se de néctar. Nas fases larvais, alimentam-se de outros insetos. Dessa forma, cumprem dois importantes papéis ecológicos, o de polinizador e o de predador, controlando o crescimento populacional de pragas. Geralmente, as flores polinizadas por vespas possuem as mesmas características daquelas apresentadas pelas flores polinizadas por abelhas. Mas há vespas polinizadoras só de figo e de orquídeas (FAEGRI; VAN DER PIJL, 1979; VIEIRA; FONSECA,2014; SILVA *et al.*, 2014).

Flores de alisso (*Lobularia maritima* (L.) Desv), torênia (*Torenia fournieri* Linden ex E. Fourn.), inflorescências de asteraceas como zinias (*Zinnia* sp.), gazânias (*Gazania rigens* (L.) Gaertn) e girassóis (*Helianthus* sp.), entre outras, são visitadas por abelhas (Figura 1.11).

Figura 1.11 Polinização por abelha: **a** – *Torenia fournieri* Linden ex E. Fourn; **b** – Camarão-azul (*Eranthemum pulchellum* Andrews); **c** – *Clerodendron* sp.
Fonte: **a, b, c** – Fotos de Linda Lacerda.

Os primeiros polinizadores

O aparecimento das angiospermas com suas flores criou uma pressão de seleção sobre o reino animal, especificamente sobre a classe dos insetos da ordem Coleoptera, à qual pertencem os besouros. Provavelmente, os besouros foram os primeiros insetos polinizadores (EVERT; EICHHORN, 2019). Dessa forma, besouros interagiram com flores de angiospermas desde sua origem e início da diversificação, há 90-100 milhões de anos, em meados do Cretáceo (PAULINO-NETO, 2014; BERNHARDT, 2000). Todavia, fósseis de moscas do final do Jurássico e fóssil de abelha ancestral de Halictidae, com mais de 220 milhões de anos, foram encontrados. Daí a conclusão de que moscas e abelhas surgiram antes dos coleópteros, tendo sido os primeiros insetos a polinizarem as angiospermas. Além disso, as primeiras flores que surgiram possuíam sistema de polinização generalista parecido com os sistemas de Myristicaceae e Winteraceae, famílias atuais. Porém, acredita-se que a polinização por besouros possa ter sido um dos primeiros modos de especialização floral, derivada de um ancestral generalista (BERNHARDT, 2000). Tal fato explicaria o longo processo evolutivo dos besouros e suas variadas interações com as plantas, algumas destas de grande especificidade (GOTTSBERGER, 1989; BERNHARDT, 2000; PAULINO-NETO, 2009).

Atualmente, as abelhas são os insetos mais especializados e constantes dentre aqueles que visitam as flores. Provavelmente tiveram um efeito mais profundo na evolução das flores de angiospermas. Assim, cada grupo de animais visitantes de flores encontra-se associado a um conjunto específico de características florais relacionadas aos sentidos visual e olfativo destes animais (CAMPBELL, 2010; EVERT; EICHHORN, 2019).

Polinização realizada por vertebrados

Segundo Fisher *et al.* (2014), a polinização realizada por vertebrados ocorre principalmente nas regiões tropicais. Pode ser realizada por aves, mamíferos e répteis. Todavia, as aves e os morcegos são os polinizadores mais comuns. Já os mamíferos não voadores e os lagartos realizam a polinização em situações diferentes, como em ilhas e em determinados grupos de plantas. Os beija-flores e morcegos nectarívoros visitam as flores em voo pairado, um fenômeno característico da região neotropical.[1] Nas regiões pantropicais,[2] os vertebrados

---

[1] Compreende a América Central, incluindo ilhas do Caribe, América do Norte (sul do México e da península da Baja California e o sul da Florida) e a América do Sul.

[2] Engloba todas as regiões tropicais.

polinizadores se apoiam nas flores ou nos ramos. Além disso, certos marsupiais, roedores e lagartos visitam flores a partir do chão. Os vertebrados nectarívoros são, geralmente, pequenos e forrageiam, de forma solitária, em rotas entre plantas que abrem poucas flores por dia. Por outro lado, os vertebrados que se alimentam de pólen, estames e pétalas são grandes e visitam, em grupos, grande quantidade de flores por dia, com maior frequência. A alimentação à base de néctar é mais frequente entre espécies de vertebrados voadores, que são polinizadores mais promissores do que os animais que não voam. Os vertebrados são mais eficientes na realização da polinização a grande distância, o que é muito importante na manutenção das florestas tropicais.

Ornitofilia/troquilofilia

Trata-se da polinização realizada por aves, ou seja, animais vertebrados, homeotérmicos, com excelente visão, corpo envolvido por penas, fraquíssimo olfato e sem dentes. A maioria possui hábito diurno. Nas regiões neotropicais, as principais aves polinizadoras são os beija-flores. Dessa forma, a síndrome de polinização realizada por eles é chamada de troquilofilia, em alusão ao nome da família Throchilidae, à qual pertencem (Figuras 1.12 e 1.13).

Figura 1.12 Polinização por beija-flor-tesoura (*Eupetomena macroura*) visitando a flor-de-coral (*Russelia equisetiformis* Schltdl. & Cham., Plantaginaceae).

Fonte: iStock. ID da foto de arquivo: 1251330540. Licença: Padrão. Categorias: Banco de imagens | Organismo vivo.

Os beija-flores possuem bico e línguas longos, alimentam-se principalmente de néctar e têm hábito diurno. Eventualmente, podem se alimentar de insetos. As flores visitadas por eles são inodoras, apresentam **antese diurna**, **corola tubulosa**, sem plataforma de pouso, pois os beija-flores alimentam-se em voo pairado; são brancas ou com **cores** fortes, como vermelho, laranja, amarelo, roxo, fúcsia. Produzem grande quantidade de néctar (FAEGRI; VAN DER PIJL, 1979; BUZATO *et al.*, 2000; ARAUJO; SAZIMA, 2003; MATIAS; CONSOLARO, 2015).

Figura 1.13 Flores ornitófilas: **a** – Semânia (S*eemannia sylvatica* (Kunth) Hanst.); **b** – Malvavisco ou hibisco-colibri (*Malvaviscus arboreus* Cav.); **c** – Folha-da-independência (*Sanchezia oblonga* Ruiz & Pav.).
Fonte: **a, b, c** – Fotos de Linda Lacerda.

Quiropterofilia

Os morcegos são mamíferos de hábito noturno, com adaptações anatômicas para voar. Sua visão é fraca, o olfato é bem desenvolvido e orientam-se pelo mecanismo do sonar. Possuem alimentação variada de acordo com seus grupos. Existem espécies hematófagas, insetívoras, piscívoras, frugívoras e nectarívoras.

Os morcegos nectarívoros são aqueles que se alimentam do néctar das flores. São flores que têm antese noturna, brancas, palidamente esverdeadas ou amareladas, ou arroxeadas, raramente rosa, com forte odor. Geralmente, têm longos pedúnculos e podem estar localizadas nas extremidades dos ramos ou brotar diretamente do caule (caulifloria) (Figura 1.14a). Produzem grande quantidade de néctar (FAEGRI; VANDER PIJL, 1979; SAZIMA *et al.*, 1999; VIEIRA; FONSECA, 2014). A forma da flor pode variar de acordo com o grupo ou espécie de morcego nectarívoro, conforme a Tabela 1.3.

Tabela 1.3 Tipos de flores quiropterófilas

Tipo de flor	Presença de néctar	Referências
Zigomorfa – tubulares, com abertura maior e comprimento menor do que flores ornitófilas. Visitadas por morcegos glossofagíneos	Sim	SAZIMA *et al.*, 1999; FLEMING; MUCHHALA, 2008
Actinomorfas: pincel ou garganta grande, isoladas, com muitos estames e grande produção de pólen em inflorescências grandes ou em capítulos – *Parkia* spp. Visitadas por morcegos *Phyllostomus discolor* e *P. hastatus*	Sim – câmaras nectaríferas largas e/ou néctar que se acumulam em regiões de fácil acesso	HOPKINS, 1984; GRIBEL; HAY, 1993; GRIBEL *et al.*, 1999
Flores quiropterófilas de *Pseudobombax munguba* – estilete mais robusto e filetes mais curtos que as flores congenéricas	Não	FISCHER *et al.*, 1992; GRIBEL; GIBBS, 2002

Fonte: Adaptada de Fisher *et al.*, 2014.

Bauhinia holophylla (Bong.) Steud, *Bauhinia longifolia* (Bong.) Steud. (pata-de-vaca), *Caryocar brasiliense* Cambess (pequi), *Lafoensia pacari* Saint-Hilaire), (dedaleiro), *Luehea grandiflora* Mart. & Zucc. (açoita-cavalo) e *Pseudobombax longiflorum* (Mart. & Zucc.) (embiruçu) são lindas árvores do cerrado, de São Paulo, que apresentam flores quiropterófilas (TEIXEIRA, 2011).

Figura 1.14 a – Polinização por morcego nectarívoro *Anoura geoffroyi*, morcego sem cauda, sugando néctar de uma flor em garganta, na floresta tropical da Costa Rica, Laguna del Lagarto, Boca Tapada, San Carlos, Costa Rica.

Fonte: iStock. ID da foto de arquivo: 855405172. Licença: Padrão. Categorias: Banco de imagens | Mamíferos.

Figura 1.14 b – Pequizeiro (*Caryocar brasiliense* Cambess) em floração.

Fonte: iStock. ID da foto de arquivo: 621478286. Licença: Padrão. Categorias: Banco de imagens | América do Sul.

Figura 1.14 c – Detalhe da flor do pequizeiro (*Caryocar brasiliense* Cambess) em forma de pincel.

Fonte: iStock. ID da foto de arquivo: 487234992. Licença: Padrão. Coleção: Essentials.

Polinização mista

Segundo Kinoshita *et al.* (2006), "muitas espécies nas regiões tropicais e temperadas podem apresentar mais de uma síndrome de polinização, e a interação planta-polinizador é uma relação flexível (PROCTOR *et al.*, 1996). Flores polinizadas por abelhas, mesmo quando especializadas, podem ser polinizadas por mariposas e borboletas. As plantas ornitófilas também podem ser polinizadas por abelhas e vice-versa. Tanto na anemofilia como na entomofilia, que envolve diferentes adaptações florais, a polinização pode ser intercambiável em alguns grupos de plantas, como em *Plantago* (PROCTOR *et al.*, 1996). Em *Piper*, Figueiredo e Sazima (2004) citam a ocorrência de ambofilia, com espécies polinizadas por diferentes tipos de insetos (Diptera, Hymenoptera, Lepidoptera e Coleoptera) e também pelo vento, o que poderia compensar uma possível deficiência sazonal de insetos polinizadores.

Neste sentido, Queiroz (2014), ao estudar visitas de beija-flores a flores quiropterófilas, como *Ipomoea* spp. (Convolvulaceae), *Encholirium* sp. (Bromeliaceae), *Ceiba* sp. e *Helicteres* sp. (Malvaceae), verificou que essas flores possuem uma morfologia que facilita o acesso ao néctar e a polinização por beija-flores, apresentando antese e disponibilidade de néctar noturna e diurna. Segundo Amorim *et al.* (2013) e Muchala e Thompson (2010) citados por Queiroz (2014), flores de *Inga sessilis* (Vell.) Mart. (Fabaceae) possuem produção de néctar nos períodos noturno e diurno e mudanças na composição de açúcares durante a antese, fatos que estão associados a sistemas mistos de polinização. Todavia, não obstante a provável adaptação à polinização adicional por beija-flores, os morcegos possuem papéis mais relevantes como polinizadores em sistemas mistos de polinização que envolvem ambos os vertebrados. Além disso, em experimentos conduzidos em gaiolas com flores artificiais e flores de *Aphelandra acanthus* (Acanthaceae), a transferência de pólen realizada por beija-flores foi bem menor do que aquela feita por morcegos, atestando que, para essa espécie vegetal com esse sistema misto de polinização, as penas são menos eficazes que os pelos no processo de polinização.

Exercícios

Exercícios para melhor fixar esses conceitos

1 – Numere a segunda coluna de acordo com a primeira

SÍNDROME	CARACTERÍSTICAS
1 – *Cantarofilia*	As flores têm antese noturna, são brancas, palidamente esverdeadas ou amareladas, ou arroxeadas, raramente rosas, com forte odor. Geralmente, têm longos pedúnculos e podem estar localizadas nas extremidades dos ramos ou brotar diretamente do caule (fenômeno caulifloria). Produzem grande quantidade de néctar. A forma da flor pode variar de acordo com o grupo ou a espécie. ( )
2 – *Miiofilia*	As flores são brancas ou palidamente coloridas, às vezes com vermelho esmaecido, de antese noturna ou crepuscular, com corolas tubulares (hipocrateriformes ou infundibuliformes) ou em pincel (*brush flower*), com grande número de estames que dificultam o acesso ao néctar; forte emissão de odor adocicado. ( )
3 – *Sapromiiofilia*	As flores visitadas apresentam antese diurna, corola tubulosa e sem plataforma de pouso. São inodoras e podem ser brancas ou com cores fortes, como vermelho, laranja, amarelo, roxo, fúcsia. Produzem grande quantidade de néctar. ( )

36   *Conceitos botânicos, zoológicos e ecológicos*

SÍNDROME	CARACTERÍSTICAS
4 – *Psicofilia*	As flores possuem tamanhos e formas variados, têm antese diurna, odores suaves e adocicados, podem ser brancas, azuis, amarelas, lilases, mas nunca vermelhas. Algumas flores podem apresentar desenhos específicos nas sépalas ou pétalas, chamados de guias de néctar. Oferecem pólen, néctar, óleos e perfumes. ( )
5 – *Falenofilia/Esfingofilia*	As flores são malcheirosas e possuem cor púrpura, opaca e com manchas claras, sem recurso e sem guia de néctar. Algumas possuem armadilhas. Imitam carne em decomposição e possuem antese diurna. ( )
6 – *Melitofilia*	As flores possuem antese crepuscular, odores fortes, adocicados ou de podre, e quatro formatos principais. Apresentam cores neutras, com exceção do tipo "tigela pintada", que é colorida. Os ovários são protegidos, com muitas pétalas, estames e sem guia de néctar. Às vezes, há armadilhas nas flores. Algumas flores possuem pétalas carnosas, maciças, nutritivas, com capacidade de produzir calor, além de serem predominantemente hermafroditas. Algumas espécies têm câmaras florais, onde polinizadores se escondem de inimigos naturais, de chuva, de frio, para cópula, para oviposição; é fonte de recurso alimentar. ( )
7 – *Troquilofilia*	Os recursos são acessíveis e as flores têm antese diurna, forma de prato ou tubulares, brancas, creme e amarelo--esverdeadas, às vezes com guia de néctar. Podem exalar odor suave e adocicado ou o odor é imperceptível. ( )
8 – *Quiropterofilia*	As flores são coloridas (amarelas, azuis, laranja e vermelhas), isoladas ou em inflorescência, com corolas tubulosas, guia de néctar simples ou guia mecânico para direcionamento da língua; às vezes com calcar, antese diurna e odor delicado. ( )

Gabarito: 85763124.

B – Cite pelo menos dois exemplos de espécies cantarófilas, miiófilas, sapromiiófilas, psicófilas, falenófilas, esfingófilas, troquilófilas e quiropterófilas.

C – Faça uma visita a um jardim florido nos períodos da manhã, da tarde e no crepúsculo. Observe com atenção os visitantes florais e as flores, colete algumas flores, sinta o seu odor e responda às perguntas da chave de identificação:

– Flores brancas, pálidas, esverdeadas, arroxeadas, raramente rosa, com odores fortes, com antese noturna? 2

- Flores brancas ou coloridas, com ou sem odores, com antese diurna ou crepuscular? 3

2 – Flores grandes, brancas ou pálidas, com tubo muito longo, hipocrateriformes ou infundibuliformes algumas com calcar? – mariposas noturnas.

- Flores grandes, com odor forte, brancas, esverdeadas, arroxeadas, raramente rosa, zigomorfas – tubulares ou actinomorfas – pincel ou garganta ou com estilete mais robusto e filetes mais curtos, com longos pedúnculos, na extremidade de ramos ou que brotam direto no caule (caulifloria)? – morcegos nectarívoros

3 – Flores brancas ou coloridas com corolas tubulosas? 4

- Flores brancas, de cores neutras ou coloridas, com ou sem corolas tubulosas? 5

4 – Corolas brancas, coloridas, tubulosas, sem odores, em flores isoladas ou em inflorescências, antese diurna? – beija-flores.

- Corolas coloridas, tubulosas, com odores suaves, em flores isoladas ou em inflorescências, algumas com calcar e antese diurna? borboletas e mariposas diurnas.

5 – Corolas de tamanhos e formatos variados, brancas, de cores neutras ou coloridas, com ou sem odores? 6

- Corolas de tamanhos e formatos variados, purpúreas e com odores fétidos? -moscas saprófitas.

6 – Corolas de cores neutras, raramente coloridas, com câmara floral ou flor em pincel, ou flor bilabiada ou "tigela pintada", antese crepuscular, odores fortes, adocicados ou de podre? – besouros.

- Corola aberta ou tubular, branca ou colorida, antese diurna, odor suave ou imperceptível? 7

7 – Corolas abertas, tubulares, brancas ou coloridas, com ou sem guias de néctar. Flores isoladas ou em inflorescências com odores suaves e tendo como recursos florais pólen, néctar, resinas, óleos e perfumes? – abelhas.

- Corolas em forma de prato ou tubulares, brancas, creme e amarelo-esverdeadas, às vezes com guia de néctar, podem exalar odor suave e adocicado ou o odor é imperceptível? – mosca-das-flores (*Syrphidae*).

É importante salientar que nem todos os visitantes atuam como polinizadores. Por exemplo, se os visitantes não esbarram nas anteras e nem no estigma, o que seria necessário para que ocorresse a polinização, eles não são os polinizadores. Se usufruem do néctar, sem realizar a polinização, são chamados de pilhadores de néctar. Há casos em que uma espécie pode ser polinizada por mais de um tipo de agente (polinização mista). Todavia, é necessário fazer testes para verificar a real eficácia dos agentes polinizadores no processo da polinização mista.

Nota – Esta chave de identificação tem como objetivo único a fixação dos conceitos aqui apresentados. Portanto, não tem a pretensão de servir como metodologia para estudos científicos.

Referências

APEZZATO-DA-GLÓRIA, B.; CARMELLO-GUERREIRO, S. M. **Anatomia vegetal**. Viçosa (MG): Ed. UFV, 2003.

ARAUJO, A. C.; SAZIMA, M. The assemblage of flowers visited by hummingbirds in the "capões" of Southern Pantanal, Mato Grosso do Sul, Brazil. **Flora**, v. 198, p. 427-435, 2003.

ÁVILA JR., R. S. **Esfingofilia em plantas do Cerrado**. 2003. Monografia (Curso de Ciências Biológicas) – Universidade Federal de Uberlândia, Uberlândia, 2003

ÁVILA JR., R. S. **Biologia reprodutiva de *Randia itatiaiae* (Rubiaceae)**: espécie dioica polinizada por lepidópteros diurnos e noturnos no Parque Nacional do Itatiaia. 2005. Dissertação (Mestrado) – Escola Nacional de Botânica Tropical, Instituto de Pesquisas Jardim Botânico do Rio de Janeiro, Rio de Janeiro, 2005.

BARRIOS, Y.; RAMIREZ, N. Biología floral y solapamiento fenológico de las angiospermas de un bosque inundable, cuenca del lago de Maracaibo, Venezuela. **Acta Botanica Mexicana**, v. 127, p. e1704, 2020.

BELLÉ, S. **Apostila de Paisagismo**. Bento Gonçalvez: Instituto Federal de Educação, Ciência e Tecnologia do Rio Grande do Sul (IFRS) Campus Bento Gonçalves, 2013. Disponível em: https://onlinecursosgratuitos.com/9-apostilas-de-jardinagem-e-paisagismo-em-pdf-para-baixar/. Acesso em: 4 abr. 2021.

BERNHARDT, P. Convergent evolution and adaptative radiation of beetle-pollinated angiosperms. **Plant Systematics and Evolution**, v. 222, p. 293-320, 2000.

BIRDS; BLOOMS (ed.). **Gardening for birds, butterflies & bees**. Milwaukee: RDA Enthusiastic Brands, LLC, 2018.

BROWN, M. J. F; PAXTON, R. J. The conservation of bees: a global perspective. **Apidologie**, v. 40, n. 3, p. 410-416, 2009.

BUZATO, S.; SAZIMA, M.; SAZIMA, I. Hummingbird pollinated floras at three Atlantic forest sites. **Biotropica**, n. 32, p. 824-841, 2000.

CAMPBELL, N. A.; REECE, J.B. **Biologia**. 8. ed. Porto Alegre: Artmed, 2010.

CARVALHO, P. E. R. **Canela-sassafrás**. Embrapa, 2005. (Circular Técnica 110).

CUTTER, E. G. **Anatomia vegetal. Parte I – Células e tecidos**. 2. ed. São Paulo: Roca,1986.

CUTTER, E. G. **Anatomia vegetal. Parte II – Órgãos**. São Paulo: Roca, 1987.

ESAU, K. **Anatomia das plantas com sementes**. Trad. Berta Lange de Morretes. São Paulo: Ed. Blucher, 1960.

EVERT, R. F.; EICHHORN, S. E. **Raven, biologia vegetal**. 8. ed. Rio de Janeiro: Guanabara Koogan, 2019.

FAEGRI, K.; VAN DER PIJL, L. **The principles of pollination ecology**. 3. ed. Oxford: Ed. Pergamon Press. 1979.

FERRI, M. G.; MENEZES, N. L.; MONTENEGRO, W. R. **Glossário ilustrado de botânica**. São Paulo: 1981.

FISCHER, E. A.; JIMENEZ, F. A.; SAZIMA, M. Polinização por morcegos em duas espécies de Bombacaceae na Estação Ecológica de Jureia, São Paulo. **Revista Brasileira de Botânica**, n. 15, p. 67-72, 1992.

FISHER, E.; ARAÚJO, A. C.; GONÇALVES, F. Polinização por vertebrados In: **Biologia da polinização**. Rio de Janeiro: Editora Projeto Cultural, 2014.

FLEMING, T. H.; MUCHHALA, N. Nectar-feeding bird and bat niches in two worlds: pantropical comparisons of vertebrate pollination systems. **Journal of Biogeography**, n. 35, p. 64-780, 2008.

FRANZ, N. M.; VALENTE, R. M. Evolutionary trends in derelomine flower weevils (Coleoptera: Curculionidade): from associations to homology. **Invertebrate Systematics**, n. 19, p. 499-530, 2005.

GONÇALVES, V. F.; VERÇOZA, F. C. Biologia floral e ecologia da polinização de *Ipomoea alba* L. (Convolvulaceae) em uma área de restinga no Rio de Janeiro. **Revista Dissertar**, v. 1, n. 26 e 27 (13), 2017.

GOTTSBERGER, G. Comments on flower evolution and beetle pollination in the genera *Annona* and *Rollinia* (Annonaceae). **Plant Systematics and Evolution**, n. 167, p. 189-194, 1989.

GRIBEL, R.; GIBBS, P. E. High outbreeding as a consequence of selfed ovule mortality and single vector bat pollination in the Amazonian tree *Pseudobombax munguba* (Bombacaceae). **International Journal of Plant Science**, n. 163, p. 1035-1043, 2002.

GRIBEL, R.; GIBBS, P. E.; QUEIRÓZ, A. L. Flowering phenology and pollination biology of *Ceiba pentandra* (Bombacaceae) in Central Amazonia. **Journal of Tropical Ecology**, n. 15, p. 247-263, 1999.

GRIBEL, R.; HAY, J. D. Pollination ecology of ***Caryocar brasiliense*** (Caryocaraceae) in Central Brazil Cerrado vegetation. **Journal of Tropical Ecology**, n. 9, p. 199-211, 1993.

HARTFELDER, K. Polinizadores do Brasil. **Estudos Avançados**, v. 27, n. 78, 2013.

HAYES, R. F. **Pollinator friendly gardening**: gardening for bees, butterflies, and other pollinators. Beverly: Quarto publishing Group USA, Inc., 2015.

HOPKINS, H. C. Floral biology and pollination ecology of the Neotropical species of *Parkia*. **Journal of Ecology**, n. 72, p. 1-23, 1984.

IMPERATRIZ-FONSECA, V. L.; LAGE CANHOS, D. A.; ALVES, D. A.; SARAIVA, A. M. **Polinizadores no Brasil**: contribuição e perspectivas para a biodiversidade, uso sustentável, conservação e serviços ambientais. São Paulo: Edusp, 2012. 488 p.

IMPERATRIZ-FONSECA, V. L.; NUNES-SILVA, P. As abelhas, os serviços ecossistêmicos e o Código Florestal Brasileiro. **Biota Neotrop.**, v. 10, n. 4, 2010.

KINOSHITA, L. S.; TORRES, R. B.; FORNI-MARTINS, E. R.; SPINELLI, T.; YU, Y. J.; CONSTÂNCIO, S. S. Floristic composition and pollination and dispersion syndromes in the Sítio São Francisco forest, Campinas, São Paulo, Brazil. **Acta Bot. Bras.**, v. 20, n. 2, 2006.

MATIAS, R.; CONSOLARO, H. Polinização e sistema reprodutivo de Acanthaceae Juss no Brasil: uma revisão. **Biosci. J.**, v. 31, n. 3, p. 890-907, 2015.

PAULINO-NETO, H. F. **Heterogeneidade espaço-temporal na distribuição de recursos e interação planta-polinizador em espécies de Annonaceae:** análise de variações local e regional. 2009. 101 p. Tese (Doutorado) – Instituto de Biociências da Universidade de São Paulo. 101 p., São Paulo, 2009.

PAULINO-NETO, H. F. Polinização por besouros. In: **Biologia da polinização**. 1. ed. Rio de Janeiro: Editora Projeto Cultural, 2014.

PELACANTI, M. G. N.; JESUS, A. R. G.; SPINA, S. M.; FIGUEIREDO, R. A. Biologia floral da pitangueira (*Eugenia uniflora* L., Myrtaceae). **Argumento**, ano II, n. 4, 2000.

PROCTOR, M.; YEO, P.; ANDREW L. **The natural history of pollination**. London: The Bath Press, 1996. 479 p.

PROCTOR, M.; YEO, P.; LACK, A. **The natural history of pollination**. Portland:Timber Press, 1996. 479 p.

QUEIROZ, J. A. **Flores de antese noturna e seus polinizadores em área de caatinga:** redes e sistemas mistos de polinização. Universidade Federal de Pernambuco. Centro de Biociências. Pós-graduação em Biologia Vegetal. 2014.

SALA, O. E, F.; CHAPIN III, S.; ARMESTO, J. J.; BERLOW, E.; BLOOMFIELD, J.; DIRZO, R.; HUBER-SANWALD, E.; HUENNEKE, L. F; HUENNEKE, R. B.; JACKSON, A. K.; LEEMANS, R.; DAVID, M. L.; MOONEY, H. A.; OESTERHELD, M.; POFF, N. L.; SYKES, M. T.; WALKER, B. H.; WALKER, M.; DIANA, H. W. Global Biodiversity Scenarios for the Year 2100. **Science**, v. 287, n. 5.459, p. 1770-1774, 2000.

SAZIMA, M.; BUZATO, S.; SAZIMA, I. Bat-pollinated flower assemblages and bat visitors at two Atlantic forest sites in Brazil. **Annals of Botany**, n. 83, p. 705-712, 1999.

SILVA, C. I.; ALEIXO, K. P.; SILVA, B. N.; FREITAS, B. M.; FONSECA, V. L. I. **Guia ilustrado de abelhas polinizadoras no Brasil**. Fortaleza, CE: Editora Fundação Brasil Cidadão, 2014.

SILVA, F. J. F. **Termorregulação da abelha Mamangava de grande porte *Xylocopa frontalis* nos neotrópicos diante das mudanças climáticas**. 2020. Dissertação (Mestrado) – Programa de Pós-Graduação em Zootecnia da Universidade Federal do Ceará, Fortaleza, 2020.

TEIXEIRA, L. A. G.; MACHADO, I. C. S. **Mecanismos de polinização e sistema reprodutivo de espécies de *Marantaceae* da estação ecológica do Tapacurá**. 2005. Tese (Doutorado) – Programa de Pós-Graduação em Biologia Vegetal, Universidade Federal de Pernambuco, Pernambuco, 2005.

TEIXEIRA, R. C. **Partilha de polinizadores por espécies quiropterófilas em fragmento de cerrado**. 2011. Tese (Doutorado) – Universidade Federal de São Carlos, São Paulo, 2011.

VIEIRA, M. F.; FONSECA, R. S. **Biologia reprodutiva em angiospermas:** síndromes florais, polinização e sistemas reprodutivos sexuados. Universidade Federal de Viçosa: Ed. UFV, 2014, n. 24.

Capítulo 2

Planejamento, implantação e manutenção dos jardins

Antes de continuar esta leitura, você deve decidir que tipo de jardim deseja fazer. Será um jardim atrativo de borboletas, de beija-flores, de abelhas, de mariposas noturnas ou de morcegos nectarívoros? Apresentam-se as etapas gerais e depois os detalhes sobre a implantação de jardins de borboletas, de abelhas e de beija-flores, geralmente os mais pedidos.

Etapas gerais

As principais etapas para a implantação dos jardins são:

- Verificar o espaço disponível, a iluminação, pois plantas floríferas, em geral, necessitam de seis a oito horas de exposição ao sol. Todavia, se não tem uma área ensolarada, pode escolher sementes e mudas que sobrevivam na sombra.

- Marcar as áreas que devem continuar como estão, as direções cardeais (norte, sul, leste, oeste), os locais que recebem sol e onde há água. Tire medidas e crie uma escala. Em seguida, faça uma planta simplificada do local, contemplando a casa, os muros e outras áreas fixas. Nomeie cada área onde será feito o plantio e inclua lugares para se sentar.

- Pesquisar em que tipo de ecossistema e zona de rusticidade se situa seu jardim. Isso é muito importante, pois indica quais são as temperaturas do local e quais plantas são viáveis para esse clima. Consulte livros especializados em plantas nativas para seu clima e ecossistema. Ao encontrar as plantas que deseja cultivar, analise o polinizador que poderá atrair, usando seus conhecimentos adquiridos na primeira parte deste livro.

- Fazer visitas aos viveiros que produzem plantas nativas da sua região, aos jardins profissionais, aos jardins botânicos e participar de excursões de jardinagem e paisagismo locais. Se for possível, utilize ferramentas *online* para projetar o seu jardim.

- Limpar o local: retirar a grama, ervas daninhas e outros detritos. Se tiver espaço, inclua uma área de compostagem para reciclar e ter composto orgânico para usar no preparo do solo e na manutenção do seu jardim.

- Analise o solo: adquira um kit de teste e verifique se ele tem deficiência de nutrientes. Se houver deficiência de nutrientes, escolha um fertilizante que possua a substância que falta. Mas, se houver deficiência de todos os nutrientes principais, utilize um fertilizante 4-14-8 (4 partes de nitrogênio, 14 partes de fósforo e 8 partes de potássio). Siga as instruções escritas no rótulo do fertilizante para aplicar a quantidade correta.

- Elabore uma tabela contendo a lista de espécies nativas da região onde será implantado o jardim, levando em consideração o que já foi descrito na primeira parte deste livro, com relação à morfologia floral e ecologia, acrescentando as épocas de floração, de forma que sempre tenha canteiros floridos e não falte alimento para os polinizadores. Anote o tipo de polinizador a ser atraído, o hábito da planta e o espaçamento a ser utilizado entre as plantas.

- Para planejar os canteiros das plantas perenes e os das plantas anuais, recomenda-se criar estratos no seu jardim, incluindo árvores, arbustos e herbáceas. Você pode e deve incluir, também, plantas trepadeiras e plantas epífitas, como bromélias, orquídeas, gesneriáceas etc. Coloque plantas altas na parte de trás do canteiro; deixe mais espaço para as plantas mais largas; alterne cores diferentes; coloque as plantas pequenas nas bordas e nas margens do caminho (Figura 2.1 a, b).

- No que diz respeito às plantas anuais, sugere-se colocá-las próximas de caminhos, cercas ou pátios para proporcionar espaço para plantá-las novamente todos os anos e retirar as ervas daninhas que surgirem. As anuais maiores, como girassóis, zínias e cleome (*Tarenaya hassleriana* (Chodat) H.H. Iltis, nativa do Brasil), devem ser plantadas nas margens externas do canteiro de anuais.

- As plantas que formam conjuntos maciços, como as margaridas, as papoulas e os gerânios, ocupam mais espaço e, por isso, preencherão o jardim. Dessa forma, plantando-se várias ao mesmo tempo é possível obter um lindo padrão, devido ao realce de suas cores. Por outro lado, as plantas que evidenciam mais suas alturas, como as sálvias, angelônias e bocas-de-leão, proporcionam variedade de forma aos canteiros anuais. Você não deve esquecer de cobrir os espaços da base, utilizando as plantas rasteiras, como onze-horas (*Portulaca grandiflora* Hook, nativa do Brasil) e gota-de-orvalho (*Evolvulus pusillus* Choisy, nativa do Brasil).

- Se for possível, crie caminhos entre os canteiros para que as pessoas possam passear e apreciar o seu jardim, além de facilitar a manutenção. Uma forma bem natural e barata é cobrir os caminhos com pedrinhas ou folhas mortas (Figura 2.1 a, b). Crie também o "cantinho do desapego", um local em que você deixará o mato crescer e não retirará as folhas. Sugere-se fazer uma cerca bem bonita e colocar uma placa indicativa.
- Em algum local, em meio às flores, recomenda-se colocar uma pia, em pedestal, para oferecer água aos pássaros visitantes do jardim. Você pode incrementar a pia, colocando um chafariz movido a energia solar para movimentar a água. Quando for fazer a limpeza, utilize luvas, uma bucha e água quente. Não utilize produtos químicos (Figura 2.2 a, b, c, d).
- Não se esqueça de colocar um banco para sentar e apreciar o seu jardim (Figura 2.3).
- Ao delimitar o seu jardim, uma boa sugestão é o uso de cercas e portão de madeira. Por favor, não utilize vidros, pois as aves se chocam nas vidraças e acabam morrendo de hemorragia interna (Figuras 2.4 e 2.5).
- Não utilizar inseticidas e produtos químicos, como *Bacillus thuringiensis* (BT), Diazinon; Malathion; Sevin, inclusive os vendidos como ecológicos. As borboletas, suas lagartas e abelhas são muito sensíveis a eles. Retirar as plantas daninhas à medida que forem surgindo. O controle de pragas deve ser feito utilizando-se métodos de catação, captura por iscas e controle biológico, como o uso de joaninhas.

Figura 2.1 a – Caminho coberto com pedrinhas num jardim de polinizadores.
Fonte: iStock. ID do arquivo de estoque: 184926319. Licença: Padrão. Coleção: Essentials.

Figura 2.1 b – Jardim de polinizadores com caminho coberto por folhas secas.
Fonte: iStock. ID do arquivo de estoque: 185007287. Licença: Padrão. Coleção: Signature.

Figura 2.2 a – Pia para banho de pássaros cercada por plantas atrativas para beija-flores.
Fonte: iStock. ID do arquivo de estoque: 1179167830. Licença: Padrão. Coleção: Essentials.

Figura 2.2 b – Charmosa pia em pedestal para banho de pássaros, rodeada por floríferas atrativas às abelhas e às borboletas.

Fonte: iStock. ID do arquivo de estoque: 457963301. Licença: Padrão. Coleção: Essentials.

Figura 2.2 c – Chafariz movido a energia solar.

Fonte: Foto de Linda Lacerda.

Figura 2.2 d – Tigela de barro com água, como recipiente para banho de pássaros. Um tordo molhado após tomar seu banho.

Fonte: iStock. ID do arquivo de estoque: 1226255301. Licença: Padrão. Coleção: Essentials.

Figura 2.3 Banco de jardim com vista para uma pia de banho de pássaros.

Fonte: iStock. ID do arquivo de estoque: 481394558. Licença: Padrão. Coleção: Essentials.

Figura 2.4 Jardim com cerca e portão de madeira.
Fonte: iStock. ID do arquivo de estoque: 903771392. Licença: Padrão. Coleção: Essentials.

Jardim das borboletas

Nada mais agradável do que receber a visita de belas borboletas num jardim, não acham? Por isso, o jardim de borboletas necessita de um planejamento para atrair, reter e incentivar as populações de borboletas a frequentá-lo. Deve-se selecionar uma variedade de plantas floríferas produtoras de néctar, para fornecer alimento durante todo o ano. Dessa forma, será possível conseguir um fluxo contínuo de novos visitantes em seu jardim. Além disso, é muito importante conhecer as borboletas que vivem em sua região para conseguir atraí-las. As borboletas são muito diferentes com relação ao tamanho, à migração e à alimentação. Nesse sentido, existem espécies de borboletas cujos adultos se alimentam de néctar e outras em que os adultos preferem frutas fermentadas, caídas no chão. Algumas espécies sugam excretas e restos de animais dissolvidos na água das relvas.

Se quiser que os indivíduos adultos permaneçam mais tempo no seu jardim é importante ter plantas hospedeiras para que elas completem seu ciclo de vida (Figura 2.5). As borboletas colocam seus ovos em folhas e as lagartas alimentam-se de folhas de plantas específicas. Descubra quais espécies habitam sua região e seus hábitos de alimentação e reprodução. A Tabela 2.1 apresenta algumas espécies de borboletas encontradas no Brasil, tipo de alimentação e plantas hospedeiras (OTERO, 1940; OTERO; MARIGO, 1990; BERTI FILHO; CERIGNONI, 2010; HAYES, 2015; BIRDS; BLOOM, 2018) (Figuras 2.6, 2.7, 2.8).

As borboletas adultas percebem as cores e são atraídas pelo vermelho, amarelo, laranja, rosa e roxo, por exemplo. Além disso, sentem os aromas suaves e seu aparelho bucal sugador (probóscide) se encaixa bem em flores de corolas tubulares (FAEGRI; VANDER PIJL, 1979; VIEIRA; FONSECA, 2014). Dessa forma, procure por espécies floríferas nativas com essas características. A Tabela 2.2 apresenta algumas espécies nativas do México, da América do Sul, incluindo o Brasil. As borboletas apreciam locais ensolarados para se alimentar de néctar de manhã até o final da tarde (Figura 2.9). Como já mencionado, recomenda-se a elaboração de um calendário contendo as espécies floríferas, as épocas de floração e, se for plantar por sementes, o tempo necessário para as flores surgirem e o tempo de floração. Assim, o seu jardim ficará sempre bonito, com muitas cores e apto a alimentar as borboletas, que precisam de néctar durante toda sua vida adulta.

As borboletas apreciam descansar em galhos e folhas durante a manhã. O sol aquece suas asas, auxiliando-as a voar. Você pode ajudar colocando algumas pedras planas pelo jardim, nos locais mais ensolarados. Para lhes oferecer água, adicione um pouco de areia grossa e lama em recipientes charmosos de barro e deixe sempre úmido.

Além do néctar das flores das espécies que você plantou para as borboletas nectarívoras, é possível oferecer alimento para as borboletas frugívoras em comedouros, que podem ser pratos colocados sobre suportes no jardim, contendo frutas que estiverem apodrecendo, como laranja, morango, pêssego, nectarina, maçã e banana (Figuras 2.10 e 2.11).

Um aspecto importante de um jardim de borboletas é propiciar locais adequados para sua reprodução. É preciso plantar espécies nativas, pois, quando as borboletas depositam seus ovinhos em folhas de plantas não nativas, suas lagartas têm dificuldade para sobreviver. A este local do jardim denominamos "Vivenda das borboletas" (Tabela 2.1).

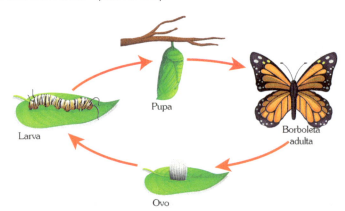

Figura 2.5 Ciclo de vida de uma borboleta.
Fonte: Depositphotos. ID do arquivo de estoque: 26637733. Licença: Padrão.

Linda Lacerda

Tabela 2.1 Algumas espécies de borboletas encontradas no Brasil, tipo de alimentação e plantas hospedeiras

Nome científico/ família	Tipo de alimentação	Planta hospedeira
Agraullis vanillae (Nymphalidae)	Adultos alimentam-se de flores de *Lantana camara*, entre outras	Coloca ovos em folha de *Passiflora suberosa* (maracujá)
Anartia amatheas (Nymphalidae)	Adultos alimentam-se de flores de *Lantana camara* e *Asclepias curassavica*	Lagartas alimentam-se de folhas de espécies de Acanthaceae e Lamiaceae
Ancyluris aulestes pandama (Riodinidae)	Adultos alimentam-se do néctar de *Lantana, Cordia, Croton, Eupatorium* e outras flores	Ovos colocados em fissuras do caule de árvores das famílias Melastomataceae e Euphorbiaceae. As lagartas são canibais
Danaus gilippus gilippus (Nymphalidae)	Adultos alimentam-se de néctar de flores como *Lantana camara, Asclepias curassavica*, entre outras	Lagartas alimentam-se de folhas de *Asclepias currassavica* e *Sarcostema* sp. *Asclepiadaceae*
Dione juno (borboleta do maracujá) (Nymphalidae)	Adultos alimentam-se do néctar das flores de *Lantana camara*, entre outras	Ovos colocados em folhas de *Passiflora* sp. (maracujá)
Heliconius erthila (Nymphalidae)	Adultos alimentam-se de flores de *Lantana camara*, margaridas, entre outras	Ovos colocados em folhas de *Passiflora* sp. (maracujá)
Heliconius erato phyllis (Nymphalidae)	Adultos alimentam-se do néctar das flores de *Lantana camara* e *Stachytarpheta cayennensis* (gervão)	Lagartas alimentam-se de folhas de *Passiflora* sp. (maracujá)
-*Heraclides thoas brasiliensis* (caixão-de--defunto) (Papilionidae)	Adultos alimentam-se de flores de *Lantana camara*, entre outras	Lagartas alimentam-se de folhas de *Zanthoxylum rhoifolium* e *Esenbeckia pumila*
Junonia evarete evarete (Nymphalidae)	Adultos alimentam-se de néctar de flores	Lagartas alimentam-se de folhas de gervão-cheiroso (*Verbena Lacinata*), gervão (*Stachytarpheta cayennensis*) ou mangue-branco (*Laguncularia racemosa*)
Paulogramma pygas (Nymphalidae)	Adultos alimentam-se de frutos fermentados	Lagartas alimentam-se de plantas das famílias: *Anacardiaceae, Euphorbiaceae, Lauraceae, Leguminosae, Moraceae, Rutaceae, Sapindaceae, Ulmaceae, Urticaceae* e *Verbenaceae*

Fonte: Adaptada de Otero, 1986; Otero; Marigo, 1990; Teston; Corseuil, 2008; Filho; Cerignoni, 2010.

Figura 2.6 *Heraclides thoas brasiliensis* (caixão-de-defunto) alimentando-se em flores de *Lantana camara*.

Fonte: iStock. ID do arquivo de estoque: 485927932. Licença: Padrão. Coleção: Essentials.

Figura 2.7 *Dryas iulia* (Nymphalidae) pousada numa folha.

Fonte: iStock. ID do arquivo de estoque: 5185962. Licença: Padrão. Coleção: Essentials.

Figura 2.8 *Paulogramma pygas* (Nymphalidae).
Fonte: iStock. ID do arquivo de estoque: 887812236. Licença: Padrão. Coleção: Essentials.

Figura 2.9 *Danaus gilippus gilippus* (Nymphalidae) alimentando-se em flores de *Asclepias currassavica* L.
Fonte: iStock. ID do arquivo de estoque: 1194804042. Licença: Padrão. Coleção: Essentials.

Figura 2.10 Jardim de borboletas em local ensolarado e com fonte de água.
Fonte: iStock. ID do arquivo de estoque: 450273069. Licença: Padrão. Coleção: Essentials.

Figura 2.11 Recipientes com frutas fermentadas para atrair borboletas frugívoras.
Fonte: **a** – Pixabay License. Grátis para uso comercial. Atribuição não requerida; **b** – iStock. ID do arquivo de estoque: 450273069. Licença: Padrão. Coleção: Essentials.

Tabela 2.2 Algumas espécies de floríferas atrativas de borboletas, oriundas do México, América Central, América do Sul, incluindo o Brasil

Nome científico/ nome popular	Família	Hábito/ciclo de vida/local de cultivo	Época de floração/propagação	Origem
Bougainvillea spectabilis Willd. Primavera Buganvília ou três-marias	Nyctaginaceae	Arbusto, perene lenhoso, espinhento Cultivado a pleno sol como trepadeira Não tolera geadas fortes	Outono-primavera Brácteas florais laranja, vinho, ferrugem, branco e rosa Estacas e alporquia	Leste e nordeste do Brasil
Brunfelsia uniflora (Pohl) D.Don Manacá-de-cheiro	Solanaceae	Arbusto de 2-3 m de altura, lenhoso, perene Pleno sol	Primavera-verão Sementes, estacas e mudas surgidas das raízes	Sudeste e sul do Brasil
Lantana camara L. Cambará-verdadeiro	Verbenaceae	Arbusto, perene, Ramificado – 0,5-2 m de altura Pleno sol	Ano todo. Flores pequenas coloridas-amarelas, brancas, alaranjadas ou róseas Sementes e estacas	Antilhas até o Brasil
Lantana fucata Lindl. Cambará-lilás	Verbenaceae	Arbusto, lenhoso ereto, perene, caducifólio, ramificado Pleno sol	Primavera-verão. Flores pequenas, perfumadas, rosa-arroxeadas Aprecia o frio Sementes e estacas	Campos de altitudes – Rio Grande do Sul
Lantana undulata Schrank Lantana-branca	Verbenaceae	Arbusto perene, semilenhoso de 0,6 a 1,2 m altura Pleno sol Não tolera geadas	Floresce na maior parte do ano Flores brancas e numerosas Não tolera geadas Sementes e estacas	Litoral do Brasil

54 *Planejamento, implantação e manutenção dos jardins*

Nome científico/ nome popular	Família	Hábito/ciclo de vida/local de cultivo	Época de floração/propagação	Origem
Verbena bonariensis L. Cambará-de-capoeira	Verbenaceae	Subarbusto ereto, perene, ramificado – 80-180 cm de altura Pleno sol	Primavera-verão Flores pequenas roxo-azuladas Sementes e estacas	Sul do Brasil
Verbena hybrida Groenl. & Rumpler Verbena	Verbenaceae	Herbáceas prostradas, perenes, cultivadas como anuais Pleno sol Tolera o frio	Ano todo Flores vermelhas, brancas, róseas, roxas ou listradas Sementes	América do Sul com diversas cultivares
Streptosolen jamesonii (Benth.) Miers Marianinha	Solanaceae	Arbusto lenhoso, perene, de 1-2 m de altura Pleno sol ou meia-sombra Não tolera o frio e geadas	Ano todo Flores tubulares de coloração amarela a vermelha Estacas obtidas após a floração	Colômbia, Equador, Peru, Venezuela
Zinnia peruviana L. Zínia	Asteraceae	Herbácea anual, ereta com 30-60 cm de altura Ideal para compor canteiros desenhados e bordaduras a pleno sol	Ano todo Flores em capítulos solitários vistosos com várias cores Sementes que podem ser postas para germinar o ano todo	México, Guatemala, Equador, Bolívia e Argentina

Fonte: Adaptada de Agudelo, 2013; Cézar, 2016; Corrêa *et al.*, 2001; Lorenzi, 2015; Verçoza; Bion, 2011.

Linda Lacerda 55

Figura 2.12 *Bougainvillea spectabilis* Willd.: **a** – Aspecto geral; **b** – Detalhe da inflorescência.

Fonte: Fotos de Linda Lacerda.

Figura 2.13 *Brunfelsia uniflora* (Pohl) D. Don: **a** – Aspecto geral; **b** – Detalhe das flores.

Fonte: **a** – iStock. ID do arquivo de estoque: 882436006. Licença: Padrão. Coleção: Essentials; **b** – ID do arquivo de estoque: 513389380. Licença: Padrão. Coleção: Essentials.

Figura 2.13 c – Borboleta-do-manacá (*Methona themisto* – Nymphalidae).
Fonte: c – ID do arquivo de estoque: 1264337906. Licença: Padrão. Coleção: Essentials.

Figura 2.14 *Lantana camara* L.
Fonte: iStock. ID do arquivo de estoque: 484272262. Licença: Padrão. Coleção: Essentials.

Figura 2.15 *Verbena bonariensis* (Benth.) Miers.

Fonte: iStock. ID do arquivo de estoque: 84272262. Licença: Padrão. Coleção: Essentials.

Figura 2.16 *Verbena hybrida* Groenl. & Rumpler.

Fonte: iStock. ID do arquivo de estoque: 869436812. Licença: Padrão. Coleção: Essentials.

Figura 2.17 *Streptosolen jamesonii* (Benth.) Miers.
Fonte: ID do arquivo de estoque: 869436812. Licença: Padrão. Coleção: Essentials.

Figura 2.18 *Zinnia peruviana* L.
Fonte: Foto de Linda Lacerda.

Jardim das abelhas

Implantar um jardim com plantas que atraem abelhas é uma iniciativa muito importante e de grande contribuição para a natureza e a economia. Todavia, é preciso tomar uma decisão quanto ao tipo de plantas que você deseja ter no seu jardim: plantas ornamentais ou também frutíferas e vegetais. A maioria delas atrai abelhas.

Como sabe, as abelhas possuem um aparelho bucal lambedor e visitam as flores para se alimentar de néctar e pegar outros produtos como pólen, resinas, óleos etc. São atraídas, preferencialmente, por flores amarelas, brancas, azuis e púrpuras, aromáticas, cuja corola tenha formatos variados e ofereça condições de pouso. Algumas apresentam guias de néctar. As flores podem ser solitárias ou agrupadas em inflorescências. As abelhas geralmente preferem aquelas reunidas em inflorescências do tipo capítulo, como é o caso do girassol, zinias, margaridas, gazânias, entre outras espécies de asteráceas.

Como regra geral, é recomendado utilizar espécies nativas do bioma onde será implantado o jardim. Afinal, tanto as abelhas quanto os outros polinizadores de sua área evoluíram com flores silvestres e se relacionam melhor com aquelas com as quais elas convivem por milhões de anos. Como ainda não dispomos de muitos viveiros nem de um grande número de espécies nativas domesticadas, elencamos, na Tabela 2.3, algumas espécies nativas que podem ser encontradas para comprar, inclusive pela internet.

Tabela 2.3 Alguns exemplos de floríferas nativas do Brasil que atraem abelhas

Nome científico/nome popular	Família	Hábito/ciclo de vida/local de cultivo	Época de floração/propagação	Origem
Alstroemeria caryophyllaea Jacq. Jacinto ou madressilva-brasileira	Alstroemeriaceae	Herbácea, perene, ereta, com 30--70 cm de altura Caule desaparece no inverno e rebrota na primavera Pleno sol ou meia-sombra	Início da primavera flores brancas ou vermelhas, perfumadas Divisão de plantas mais velhas quando perdem as folhas, antes do florescimento	Brasil
Angelonia minor Fisch. & C.A Mey. Angelônia	Plantaginaceae	Herbácea perene Cultivada como anual. Sol pleno	Primavera-verão Sementes, estaquia e divisão de ramagem	América do Norte (México) América Central América do Sul (Brasil-caatinga)

Planejamento, implantação e manutenção dos jardins

Nome científico/nome popular	Família	Hábito/ciclo de vida/local de cultivo	Época de floração/propagação	Origem
Calibrachoa sellowiana (Sendtn.) Wijsman Calibracoa	Solanaceae	Herbácea anual de ramos prostrados. Pleno sol Em vasos, cuias como planta pendente Forração em canteiros desenhados Aprecia invernos amenos do Sul e em áreas de altitudes no Sudeste do Brasil	Primavera Semente e estacas dos ramos	Regiões de altitude do Sul do Brasil
Evolvulus glomeratus Nees & Mart Azulzinha	Convolvulaceae	Herbácea perene, ramificada, com 20-30 cm de altura Pleno sol, ou meia-sombra Não tolera o frio	Ano todo Estacas dos ramos Divisão das plantas mais velhas	Brasil
Evolvulus pusillus Choisy Gota-de-orvalho	Convolvulaceae	Herbácea, rasteira-forração Pleno sol Não tolera o frio	Primavera-verão Estaquia e por mudas retiradas em blocos dos canteiros	Brasil – regiões semiáridas
Portulaca grandiflora Hook Onze-horas	Portulacaceae	Herbácea, prostrada, suculenta, anual Pleno sol Cultivo: jardineiras suspensas Bordaduras Formação de maciços Tolera o frio	Verão Sementes germinadas na primavera-verão	Brasil

Nome científico/nome popular	Família	Hábito/ciclo de vida/local de cultivo	Época de floração/propagação	Origem
Salvia guaranitica. A.St. – Hil. ex Benth. Sálvia-azul	Lamiaceae	Herbácea, perene, ereta Pleno sol	Primavera-verão Estaquia	Brasil, Paraguai e Argentina
Tibouchina mutabilis (Vell.) Cogn. '**Nana**' Manacá-da-serra	Melastomataceae	Árvore perene. Altura 4-6 m de altura	Novembro e fevereiro Sementes Alporques	Brasil Pioneira da Mata Atlântica

Fonte: Adaptada de Almeida *et al.*, 2003; Araújo, 2016; Fregonezi *et al.*, 2013; Klahre *et al.*, 2011; Lorenzi, 2015; Souza *et al.*, 2018; Stehmann; Semir, 2001.

Figura 2.19 *Angelonia angustifolia.* Fisch. & C.A Mey: **a** – Aspecto geral.
Fonte: **a** – Foto de Linda Lacerda.

Figura 2.19 b – Detalhe da flor.
Fonte: **b** – iStock. ID do arquivo de estoque: 1173579097. Licença: Padrão. Coleção: Essentials.

Figura 2.20 *Cuphea gracilis* Kunth.
Fonte: Foto de Linda Lacerda.

Figura 2.21 *Evolvulus glomeratus* Nees & Mart.
Fonte: Foto de Linda Lacerda.

Figura 2.22 *Petunia integrifolia* (Hook.) Schinz &Thell.
Fonte: iStock. ID do arquivo de estoque: 1173579097. Licença: Padrão. Coleção: Essentials.

Figura 2.23 *Portulaca grandiflora* Hook.
Fonte: Foto de Linda Lacerda.

Figura 2.24 *Salvia guaranitica* A.St. – Hil. ex Benth.
Fonte: iStock. ID do arquivo de estoque: 1285319864. Licença: Padrão. Coleção: Essentials.

Figura 2.25 *Tibouchina mutabilis* (Vell.) Cogn. '**Nana**': **a** – Aspecto geral; **b** – Detalhe da flor.

Fonte: **a**, **b** – Fotos de Linda Lacerda.

Caso fique difícil conseguir as espécies nativas, complemente seu jardim com espécies exóticas consagradas, que atraiam abelhas e consigam sobreviver nas condições ecológicas da região. A Tabela 2.4 apresenta algumas sugestões. Não se esqueça de escolher espécies que floresçam sequencialmente, isto é, vários tipos que floresçam durante a primavera, o verão, o outono e o inverno para manter um fluxo contínuo de abelhas em seu jardim.

Tabela 2.4 Alguns exemplos de floríferas exóticas, consagradas, que atraem abelhas

Nome científico/nome popular	Família	Hábito/ciclo de vida/local de cultivo	Época de floração/ propagação	Origem
Alcea rosea L. Malva-rosa	Malvaceae	Herbácea-bienal Sol pleno Tolera o frio subtropical	Inverno Flores perfumadas branco-rosadas com garganta róseo-avermelhada Propaga-se por mudas formadas ao redor da planta-mãe	Ásia (China)

Nome cientifico/nome popular	Família	Hábito/ciclo de vida/local de cultivo	Época de floração/ propagação	Origem
Aster amellus L. Áster-italiana	Asteraceae	Herbácea-perene, ereta Pleno sol Tolera o frio, indicada para cultivo no Sul do Brasil	Ano todo Sementes e divisão de touceira	Europa e Ásia
Bidens formosa (Bonato) Sch. Bip Cosmos-de-jardim	Asteraceae	Herbácea anual Pleno sol Tolera o frio	Inverno-verão Sementes postas para germinar no início do outono	México
Clerodendrum infortunatum Gearth Clerodendro-per-fumado	Lamiaceae	Arbusto, perene, ereto, pouco ramificado, de 1 a 1,8 m de altura Pleno sol Tolera inverno ameno	Inverno Flores perfumadas branco-rosadas com garganta róseo-avermelhada Propaga-se por mudas formadas ao redor da planta-mãe	Ásia tropical
Dombeya wallichii Lindl.) Benth. ex Baill Flor-de-abelha	Malvaceae	Arvoreta ou arbusto de 2 a 7 m de altura. Rápido crescimento e baixa manutenção Pleno sol ou meia--sombra Não tolera geadas fortes	Outono e inverno Flores numerosas de cor rosa a avermelhada, ricas em néctar e delicadamente perfumadas Atraem muitas abelhas, de diversas espécies Multiplica-se por sementes e mais facilmente por alporquia e estaquia de ramos semilenhosos ou de ponteiros	Madagascar
Gazania rigens (L.) Gaerth Gazânia	Asteraceae	Herbácea perene Pleno sol	Verão Flores em capítulos vistosos Divisão de touceiras	África do Sul

Nome cientifico/nome popular	Família	Hábito/ciclo de vida/local de cultivo	Época de floração/ propagação	Origem
Helianthus debilis Nutt. Girassol	Asteraceae	Subarbusto anual Pleno sol Existem vários cultivares	Verão Sementes	Estados Unidos
Lobularia maritima (L.) Desv. Alisso	Brassicaceae	Herbácea	Ano todo Flores brancas aromáticas, raramente de cor rosa ou lavanda Sementes	Europa-Mediterrâneo, Açores
Papaver rhoeas L. Papoula	Papaveraceae	Herbácea anual Pleno sol	Primavera Sementes	Europa
Pelargonium grandiflorum Hort. Gerânio	Geraniaceae	Herbácea, perene Pleno sol	Ano todo Sementes e estacas	África do Sul
Tagetes erecta L. Tagetes	Asteraceae	Herbácea anual Pleno sol	Primavera-verão Flores em capítulos amarelos, alaranjados e marrom-avermelhados Sementes	México

Fonte: Adaptada de Almeida *et al.*, 2003; Birds; Blooms, 2018; Hayes, 2015; Lorenzi, 2015.

Figura 2.26 *Aster amellus* L.

Fonte: iStock. ID do arquivo de estoque: 1285319864. Licença: Padrão. Coleção: Essentials.

Figura 2.27 *Coreopsis tinctoria* Nutt.

Fonte: iStock. ID do arquivo de estoque: 1183832534. Licença: Padrão. Coleção: Essentials.

Figura 2.28 *Digitalis purpurea* L.
Fonte: iStock. ID do arquivo de estoque: 160330534. Licença: Padrão. Coleção: Essentials.

Figura 2.29 *Dombeya wallichii* Benth. ex Baill.
Fonte: iStock. ID do arquivo de estoque: 1203210098. Licença: Padrão. Coleção: Essentials.

Figura 2.30 *Gazania rigens* (L.) Gaerth.
Fonte: Foto de Linda Lacerda.

Figura 2.31 *Lavandula dentata* L.
Fonte: Foto de Linda Lacerda.

Figura 2.32 *Lobularia maritima* (L.) Desv.
Fonte: Foto de Linda Lacerda.

Figura 2.33 *Tagetes erecta* L.
Fonte: iStock. ID do arquivo de estoque: 1201051048. Licença: Padrão. Coleção: Essentials.

Árvores frutíferas, nativas, de pequeno a médio porte, como pitangueira (*Eugenia uniflora* L.), uvaia (*Eugenia pyriformis* Camb.), cabeludinha (*Myrciaria glazioviana* (Kiaersk.) GM Barroso ex Sobral), entre outras mirtáceas, possuem flores que atraem uma variedade de abelhas e seus apetitosos frutos atrairão uma grande variedade de pássaros para o seu jardim (ALMEIDA *et al.*, 2013) (Figura 2.34). Vegetais como melão, melancia, morango, pepino, abobrinha, pimentas e as ervas-menta, coentro, tomilho, alecrim, entre outras, também têm flores que atraem abelhas (IMPERATRIZ-FONSECA *et al.*, 2011).

O "cantinho do desapego" é o local ideal para criar abrigos para as abelhas. Não apare a grama, deixe as ervas silvestres crescerem e não retire a pilha de galhos e folhas que caem. Este local será utilizado pelas abelhas para a criação de suas residências. Pedaços de terra livres, sem plantas, no jardim, se transformarão em lama após a chuva. Determinadas abelhas fazem seus ninhos no subsolo e necessitam de lama para isso. Nesse sentido, é interessante colocar placas sinalizadoras para alertar os visitantes sobre os comportamentos específicos das abelhas (Figura 2.35).

Outro detalhe importante é como fornecer água para as abelhas. A melhor forma é usar um prato largo e colocar pedras nas suas bordas. Verter água sobre as pedras e no fundo da tigela. Levar o prato para o jardim, colocando-o próximo das flores atrativas às abelhas. Dessa forma, as abelhas pousarão nas pedras e conseguirão beber água. Você pode, também, colocar um prato raso com água e algumas folhas, para facilitar o acesso das abelhas (Figura 2.36).

Outra iniciativa interessante é oferecer um abrigo pronto para as abelhas nativas sem ferrão (Figura 2.37). Nesse caso, aconselha-se contatar pessoal capacitado para isso na sua região, ou fazer cursos. Existem muitas associações regionais especializadas em abelhas nativas sem ferrão, que oferecem cursos sobre este assunto.

Seguem aqui algumas recomendações:

– Não use pesticidas; eles matam as abelhas!

– Atraia predadores naturais de pragas, como aranhas e joaninhas. É possível exterminar as pragas manualmente ou usar pesticidas naturais feitos de plantas. Todavia, espere para fazer isto após o anoitecer, horário em que os polinizadores estão menos ativos.

– Não use água açucarada, xarope ou açúcar de confeiteiro para alimentar as abelhas.

– Se você ou um membro de sua família for alérgico às abelhas, tome muito cuidado. Se for picado, vá imediatamente ao pronto-socorro.

Figura 2.34 *Eugenia uniflora* L. (pitanga): **a** – Aspecto geral da árvore em fase de frutificação; **b** – Detalhe da flor branca, com muitos estames, aromática e que atrai muitas abelhas; **c** – Ramos com frutos que atraem vários tipos de pássaros.

Fonte: **a**, **b** – Fotos de Linda Lacerda; **c** – iStock. ID do arquivo de estoque: 1264372858. Licença: Padrão. Coleção: Essentials.

Figura 2.35 Exemplo de placa educativa sobre comportamento das abelhas.
Fonte: Foto de Linda Lacerda.

Figura 2.36 Bebedouro para abelhas.
Fonte: Pixabay License. Grátis para uso comercial. Atribuição não requerida.

Figura 2.37 a – Colmeia de abelha sem ferrão, Jataí (*Tetragonisca angustula* (Latreille, 1811)). (Hymenoptera, Apidae, Meliponini); **b** – Indivíduos em atividade na entrada da colmeia; **c** – Jataí, em voo, em direção à flor do gengibre azul, *Dichorisandra thyrsiflora* JC Mikan (Commelinaceae), planta herbácea nativa do Brasil. A abelha tem cerca de 5 mm de comprimento.

Fonte: **a** – iStock. ID do arquivo estoque: 1145029801. Licença: Padrão. Coleção: Essentials; **b** – iStock. ID do arquivo de estoque: 1264187538. Licença: Padrão. Coleção: Essentials; **c** – iStock. ID do arquivo de estoque: 525730404. Licença: Padrão. Coleção: Essentials.

Jardim dos beija-flores

Os beija-flores, também conhecidos por colibris, são aves, não possuem dentes e enxergam bem. São naturais das Américas, possuem bico e língua longos, alimentam-se principalmente de néctar e têm hábito diurno. Eventualmente, algumas espécies se alimentam de pequenos artrópodes. As flores visitadas por beija-flores geralmente são inodoras com antese diurna e podem ser vermelhas, laranja, amarelas, roxas, fúcsia, brancas etc. Elas produzem uma grande quantidade de néctar. Sua corola é tubulosa, sem plataforma de pouso, pois os beija-flores alimentam-se em voo pairado (FAEGRI; VAN DER PIJL, 1979; SICK, 2001).

No Brasil existem cerca de 86 espécies de beija-flores (FISHER *et al.*, 2014). A Tabela 2.6 e as Figuras 2.43 a, b, 2.44, 2.45, 2.46, 2.47 e 2.48 mostram uma pequena lista de espécies, suas características, hábitos, alimentação e distribuição geográfica. Algumas delas são comuns em ambientes urbanos como praças e parques.

Os beija-flores costumam fazer seus ninhos em lugares em que haja uma boa fonte de água e comida. Muitas vezes, voam fazendo manobras acrobáticas que chamam a nossa atenção. A Tabela 2.5 e as Figuras 2.38, 2.39, 2.40, 2.41 e 2.42 apresentam algumas floríferas nativas que atraem beija-flores. Se for possível, instale bebedouros com água açucarada e coloque no jardim galhos e suportes na horizontal como poleiros para que possam descansar.

Quanto aos bebedouros, temos as seguintes recomendações:

– Instale-os em dias de calor, em lugares sombreados. Isto evita o crescimento de fungos que afastam os beija-flores; espalhe vários bebedouros pelo jardim para evitar a briga por território entre eles.

– Encha os bebedouros até a metade.

– Coloque uma parte de açúcar para quatro de água e ferva por um a dois minutos; espere esfriar, coloque num recipiente fechado e guarde na geladeira; não use mel ou adoçante nem corante alimentar vermelho, pois estas substâncias causam mal aos beija-flores.

– Passe um pouco de vaselina nas beiradas para evitar a invasão das formigas e limpe o bebedouro de dois em dois dias.

– Limpe os resíduos de néctar nas beiradas do bebedouro para evitar o aparecimento de abelhas.

– O néctar deve ser trocado a cada três ou quatro dias, mesmo se ele não acabar. Isto evita a formação de mofo.

Planeje a decoração do seu jardim com itens como: bancos, caminhos, cercas, vasos etc. Use a sua imaginação.

– O bebedouro deve ser lavado somente com água quente a cada troca. Por favor, não use detergente! Se estiver com manchas pretas ou outros sinais de mofo, esfregue bem.

Planeje a decoração do seu jardim com itens como: bancos, caminhos, cercas, vasos etc. Use a sua imaginação.

Tabela 2.5 Alguns exemplos de floríferas nativas do Brasil que atraem beija-flores

Nome científico	Família	Hábito/ciclo de vida/local de cultivo	Época de floração/propagação	Origem
Aphelandra longiflora (Lindt.) Profice Junta-vermelha	Acanthaceae	Arbusto ereto, perene, de 0,9-1,9 m de altura. Pleno sol ou meia-sombra Não tolera geadas	Verão Flores vermelhas e brácteas vermelho-amareladas Sementes e estacas de ramos	Floresta semidecídua do Brasil Central
Columnea ulei Mansf Columeia	Gesneriaceae	Herbácea, epífita, perene Meia-sombra Não tolera baixas temperaturas	Primavera Flores vermelhas Estacas após o florescimento	Brasil
Fuchsia regia (Vell.) Munz Brinco-de-princesa	Onagraceae	Arbusto lenhoso, perene, escandente com 1 a 3 m de altura Pleno sol ou meia-sombra Tolera geadas	Primavera-outono Flores com cálices vermelho-arroxeados e corola roxo-violeta Estacas	Regiões de altitude do Sul e Sudeste do Brasil
Justicia brasiliana Roth Jacobina-vermelha	Acanthaceae	Arbusto, perene, lenhoso, ereto de 2-3 m altura. Pleno sol ou meia-sombra	Verão-flores vermelhas Sementes e estacas	Sudeste e Sul

Nome científico	Família	Hábito/ciclo de vida/local de cultivo	Época de floração/propagação	Origem
Justicia scheidweileri V.A.W. Graham Camarão-rosa	Acanthaceae	Herbácea, perene, semiereta de 20-30 cm de altura Meia-sombra Não tolera geada	Primavera-verão. Flores arroxeadas, envolvidas por brácteas vermelhas. Sementes e estacas	Mata Atlântica do Sudeste
Lepidagathis floribunda (Pohl) Kameyama camarão-vináceo	Acanthaceae	Arbusto, ereto, pouco ramificado de 1,5-2,5 m de altura. Pleno sol ou meia-sombra	Verão-outono Flores e brácteas vermelho-vináceas Estacas	Serra da Mantiqueira, Minas Gerais, São Paulo e Rio de Janeiro
Petunia exserta Stehm. Petúnia-vermelha	Solanaceae	Herbácea perene cultivada como anual. Pleno sol ou meia-sombra	Verão ao outono Flores vermelhas Sementes	Endêmica das serras do sudeste do Rio Grande do Sul
Pyrostegia venusta (Ker Gawl) Miers Cipó-de-São-João	Bignoniaceae	Trepadeira Pleno sol	Inverno Flores vistosas alaranjadas	
Ruellia makoyana Jacob-Makoy ex Closon Planta-veludo	Acanthacae	Herbácea semiprostrada, perene com 15--30 cm de altura. Meia-sombra Sensível a geadas	Primavera-verão Flores roxas ou lilases Estacas de ponteiro e divisão da planta	Mata Atlântica do leste e Sudeste

Nome científico	Família	Hábito/ciclo de vida/local de cultivo	Época de floração/propagação	Origem
Thyrsacanthus ramosissimus Moric Pendão-vermelho	Acanthaceae	Arbusto perene, ereto de 2 a 3 m de altura. Pleno sol Não tolera geadas	Outono-primavera Flores vermelhas Estacas obtidas após o florescimento	Nordeste do Brasil
Vriesea incurvata Gaudich Gravatá	Bromeliaceae	Herbácea, epífita, perene Meia-sombra Não tolera baixas temperaturas	Primavera-verão Mudas de estolões laterais	Mata Atlântica do Sul e Sudeste

Fonte: Adaptada de Araújo *et al.*, 2014; Araújo, 2016; Fregonezi *et al.*, 2013; Klahre *et al.*, 2011; Sick, 2001; Lorenzi, 2015; Matias; Consolaro, 2015.

Figura 2.38 *Fuchsia regia* (Vell.) Munz.

Fonte: Pixabay License. Grátis para uso comercial. Atribuição não requerida.

Figura 2.39 *Justicia scheidweileri* V.A.W. Graham: **a** – Aspecto geral; **b** – Detalhe da inflorescência e flores.

Fonte: Fotos de Linda Lacerda.

Figura 2.40 *Petunia exserta* Stehm.
Fonte: iStock. ID do arquivo de estoque: 996989472. Licença: Padrão. Coleção: Essentials.

Figura 2.41 *Pyrostegia venusta* (Ker Gawl) Miers.
Fonte: iStock. ID do arquivo de estoque: 1216006054. Licença: Padrão. Coleção: Essentials.

Figura 2.42 *Ruellia simplex* C. Wright 'Purple showers'.

Fonte: iStock. ID do arquivo de estoque: 1157531554. Licença: Padrão. Coleção: Essentials.

Outras espécies nativas e exóticas consagradas no paisagismo, como flor-de-coral (*Russelia equisetiformis* Schltdl. & Cham.), semânia (*Seemannia sylvatica* (Kunth) Hanstnativa), malvavisco ou hibisco-colibri (*Malvaviscus arboreus* Cav.) e folha-da-independência (*Sanchezia oblonga* Ruiz & Pav.), também atraem beija-flores (Figuras 1.12 e 1.13, a, b, c).

Tabela 2.6 Algumas espécies de beija-flor que ocorrem no Brasil

Nome científico	Subes-pécie	Características/ hábito	Alimentação	Distribuição geográfica
Clytolaema rubricauda. Beija-flor-rubi	Não possui	Mede entre 10,8 e 11,3 cm de comprimento.	Néctar das flores. Muitas vezes é encontrada junto a aglomerações de brinco-de-princesa (*Fuchsia* sp.) nas regiões serranas. Consomem insetos, que são capturados em pleno voo	Bahia, Sudeste e Sul até Santa Catarina

Nome científico	Subespécie	Características/ hábito	Alimentação	Distribuição geográfica
Chrysolampis mosquitos Beija-flor-ver-melho	Não possui	Mede de 9,2 a 9,5 cm Defende território de maneira agressiva	Néctar das flores e pequenos artrópodes	No Brasil- Amazônia e regiões Centro-Oeste, Sudeste, Nordeste e Sul até o Paraná Outros países: região tropical do Leste do Panamá até a Colômbia,Venezuela e Bolívia
Colibri coruscan beija-flor-violeta	2	Ocorre em uma ampla gama de *habitats* semiabertos, em jardins e parques nas cidades Altamente territorial	Néctar das flores	Terras altas do norte e oeste da América do Sul (Norte do Brasil – Roraima), Andes (da Argentina para o norte), a faixa costeira venezuelana (Sul) e os Tepuis
Eupetomena macroura Beija-flor-te-soura	4	15 e 19 cm de comprimento Territorialista	Néctar das flores e pequenos artrópodes É um importante polinizador de muitas plantas*	Todo o Brasil, exceto certas regiões da Amazônia. Ocorre das Guiana à Bolívia e Paraguai
Heliactin bilophus Chifre-de-ouro	Não possui	É uma espécie típica das áreas abertas cerrado e florestas de galeria Costuma utilizar um poleiro, para descansar Atua como pilhadora de néctar, realizando visitas ilegítimas, como observado em *Amphilophium elongatum* e *Sinningia* sp.	Visita várias flores do cerrado, tais como: Cambará (*Lantana camara*), Cajueiro (*Anacardium occidentale*), com preferência a flores pequenas Também se alimenta de pequenos insetos	Nordeste, Centro-Oeste e Sudeste do Brasil. Bolívia

Nome científico	Subespécie	Características/ hábito	Alimentação	Distribuição geográfica
Thalurania glaucopis Beija-flor-de--fronte-violeta	Não possui	Apreciam as áreas de altitude, sendo vistos nos jardins e parques nos altos da Serra da Mantiqueira. Toleram bem o inverno nestas regiões que apresentam temperatura abaixo de zero grau Celsius	Néctar das flores É frequentemente encontrada próxima de aglomerações de brinco-de--princesa (*Fuchsia* sp.) nas regiões serranas Além disso, apreciam muito as flores de: *Malvaviscus arboreus* e *Malvaviscus penduliflorus* Consomem insetos, que são capturados em pleno voo	Desde a Bahia e Minas Gerais ao Rio Grande do Sul, para oeste até o Mato Grosso. Encontrada também no Uruguai, Paraguai e Argentina

Fonte: Adaptada de Souza, 2004; Sick, 2001; *Toledo; Moreira, 2008; wikiaves.com.br.

Figura 2.43 *Clytolaema rubricauda*: **a** – Beija-flor-rubi descansando no galho de árvore.

Fonte: **a** – iStock. ID do arquivo de estoque: 1270149291. Licença: Padrão. Coleção: Essentials.

Figura 2.43 b – Visitando flor de *Malvavisco* sp.

Fonte: **b** – iStock. ID do arquivo de estoque: 1270148570. Licença: Padrão. Coleção: Essentials.

Figura 2.44 *Chrysolampis mosquitus* – Beija-flor-vermelho visitando flores tubulosas lilases de gervão-roxo (*Stachytarpheta cayennesis* (LC Rich) Vahl).

Fonte: iStock. ID do arquivo de estoque: 1150497409. Licença: Padrão. Coleção: Essentials.

Figura 2.45 *Colibri coruscan* visitando flor de *Fuchsia* sp.
Fonte: iStock. ID do arquivo de estoque: 1175693821. Licença: Padrão. Coleção: Essentials.

Figura 2.46 *Eupetomena macroura* alimentando-se no bebedouro.
Fonte: iStock. ID do arquivo de estoque: 636881718. Licença: Padrão. Coleção: Essentials.

Figura 2.47 *Heliactin bilophus* – chifre-de-ouro descansando num galho de árvore.

Fonte: iStock. ID do arquivo de estoque: 636881718. Licença: Padrão. Coleção: Essentials.

Figura 2.48 *Thalurania glaucopis* – Beija-flor-de-fronte-violeta em voo, em direção ao bebedouro.

Fonte: iStock. ID do arquivo de estoque: 459930617. Licença: Padrão. Coleção: Essentials.

Exemplos de jardins amigos dos polinizadores

Foi um prazer estar por aqui conversando com você. Mas chegou a hora da nossa despedida.

Espero que este livro te inspire a implantar jardins amigos dos polinizadores. Neste sentido, as Figuras 2.49 até 2.70 mostram imagens de campo natural, jardins temáticos, jardins domésticos e canteiros em parques e outras áreas urbanas. Todas estas iniciativas serão bem vindas na luta para a conservação dos polinizadores. Contamos com vocês!

Figura 2.49 Jardim das borboletas de Miami, as asas dos trópicos, Flórida, Estados Unidos.

Fonte: iStock. ID do arquivo de estoque: 1286152862. Licença: Padrão. Coleção: Essentials.

Figura 2.50 Trecho de um jardim atrativo às abelhas, onde se visualizam exemplares de *Digitalis purpurea*, atrativas de abelhas, combinando-se flores azuis, lilases, brancas e amarelas, em contraste com o verde das folhas e o branco acinzentado do piso.

Fonte: iStock. ID do arquivo de estoque: 486028796. Licença: Padrão. Coleção: Essentials.

Figura 2.51 Lindo jardim de verão nos Estados Unidos, com plantas atrativas às borboletas, às abelhas e aos beija-flores.

Fonte: iStock. ID do arquivo de estoque: 499735623. Licença: Padrão. Coleção: Essentials.

90　　　　　　　　　　　　　　　　*Planejamento, implantação e manutenção dos jardins*

Figura 2.52 Belos canteiros de floríferas atrativas às borboletas, às abelhas e aos beija-flores em parque urbano.

Fonte: iStock. ID do arquivo de estoque: 1193094132. Licença: Padrão. Coleção: Essentials.

Figura 2.53 Canteiros de floríferas atrativas às borboletas e às abelhas, ao longo de um caminho gramado em parque urbano.

Fonte: iStock. ID do arquivo de estoque: 92624397. Licença: Padrão. Coleção: Essentials.

Figura 2.54 Canteiro ornamentado com jarros de cerâmica, rodeados por floríferas de flores multicoloridas, algumas com corolas tubulosas e outras com capítulos, atrativas às borboletas e às abelhas em parque urbano.

Fonte: iStock. ID do arquivo de estoque: 92624397. Licença: Padrão. Coleção: Essentials.

Figura 2.55 Canteiros de floríferas atrativas às borboletas e às abelhas, à meia-sombra, ao redor de árvores e palmeiras em parque urbano.

Fonte: iStock. ID do arquivo de estoque: 92624397. Licença: Padrão. Coleção: Essentials.

Figura 2.56 Canteiro de gazânia e angelônia, floríferas atrativas de abelhas, em parque temático no interior de São Paulo.

Fonte: Foto de Linda Lacerda.

Figura 2.57 Jardim secreto, com banco, para a apreciação da paisagem e floríferas atrativas às abelhas e às borboletas.

Fonte: iStock. ID do arquivo de estoque: 953023732. Licença: Padrão. Coleção: Essentials.

Figura 2.58 Canteiro de jardim secreto, com floríferas atrativas às borboletas e às abelhas.

Fonte: iStock. ID do arquivo de estoque: 482413589. Licença: Padrão. Coleção: Essentials.

Figura 2.59 Canteiro em jardim secreto, com floríferas multicoloridas, atrativas às borboletas, às abelhas e aos beija-flores.

Fonte: iStock. ID do arquivo de estoque: 1178518031. Licença: Padrão. Coleção: Essentials.

Figura 2.60 Flores do prado europeu mostrando papoulas vermelhas em contraste com as charmosas inflorescências, de flores azuis, atrativas às abelhas. Uma bela combinação de cores para se inspirar.

Fonte: iStock. ID do arquivo de estoque: 1210130913. Licença: Padrão. Coleção: Essentials.

Figura 2.61 Zínia-mirim no vaso, em jardim doméstico.
Fonte: Foto de Linda Lacerda.

Figura 2.62 Charmoso canteiro com floríferas atrativas às borboletas e às abelhas, em prédio comercial, destacando-se os girassóis.
Fonte: iStock. ID do arquivo de estoque: 947241124. Licença: Padrão. Coleção: Essentials.

Figura 2.63 Canteiro de *Lantana camara*, em frente a um prédio residencial.
Fonte: Foto de Linda Lacerda.

Figura 2.64 Detalhe de inflorescências de *Lantana camara* num canteiro em praça pública.
Fonte: iStock. ID do arquivo de estoque: 1225982107. Licença: Padrão. Coleção: Essentials.

Figura 2.65 *Lantana camara* no vaso.
Fonte: Foto de Linda Lacerda.

Figura 2.66 *Petunia hybrida* no vaso suspenso, Penedo, Rio de Janeiro.
Fonte: Foto de Linda Lacerda.

Figura 2.67 Variadas cores de *Petunia hybrida*, nos vasos pendurados em árvore, em rua de Campos do Jordão, São Paulo.

Fonte: Foto de Linda de Lacerda.

Figura 2.68 *Petunia hybrida* em jardineiras fixas, em calçada de pedestres, Campos do Jordão, São Paulo.

Fonte: Foto de Linda de Lacerda.

Figura 2.69 *Petunia hybrida* em vaso de chão.
Fonte: Foto de Linda de Lacerda.

Figura 2.70 Charmoso conjunto de jardineiras suspensas, com *Petunia hybrida* de cores variadas, Monte Verde, Minas Gerais.
Fonte: Foto de Linda Lacerda.

Referências

AGUDELO, R. D. D. **Diseño Experimental para la caracterización de aves e insectos associados a plantas florales estúdio de caso**: terraza productiva y investigación em techos verdes: ubicada em la Pontificia Universidad Javeriana-Bogotá, Colombia. 2013. Trabalho de conclusão de curso (Graduação em Ecologia) – Pontificia Universidad Javeriana Facultad de Estudios Ambientales y Rurales Carrera de Ecología, Bogotá, 2013. Disponível em: https://repository. javeriana.edu.co/handle/10554/12477. Acesso em: 4 abr. 2021.

ALMEIDA, D.; MARCHINI, L. C.; SODRÉ, G.; D'ÁVILA, M. V.; ARRUDA, C. M. F. de. **Plantas visitadas por abelhas e polinização**. Piracicaba: ESALQ, 2003. 40 p. (Edição Especial da Série Produtor Rural).

ARAÚJO, A. C.; FISCHER, E. A.; SAZIMA, M. Floração sequencial e polinização de três espécies de *Vriesea*. (Bromeliaceae) na região da Jureia, sudeste do Brasil. **Revista Brasileira de Botânica**, n. 17, p. 113-118, 1994.

ARAÚJO, F. 2016. **Biologia reprodutiva de *Petunia mantiqueirensis* (Solanaceae) e comportamento de coleta de pólen de abelhas polinizadoras**. 2016. Dissertação (Mestrado) – Instituto de Ciências Biológicas da Universidade Federal de Minas Gerais, 2016.

BERTI FILHO, E.; CERIGONI, J. A. **Borboletas**. Piracicaba: Fundação de Estudos Agrários Luiz de Queiroz-FEALQ, 2010.

BIRDS AND BLOOMS (Ed.). **Gardening for birds, butterflies & bees**. Milwaukee: RDA Enthusiastic Brands, LLC, 2018.

CÉZAR, K. F. S. **Interação entre borboletas (Insecta: Lepidoptera: (Hesperioidea e Papilionoidea) e flores na polinização de *Lantana camara* Linnaeus (Verbenaceae) no período de maior e menor precipitação em um fragmento florestal urbano**. 2016. Dissertação (Mestrado em Ciências Biológicas) – Instituto Nacional de Pesquisas da Amazônia, Manaus, 2016.

CORRÊA, C. A.; IRGANG, B. E.; MOREIRA, G. R. P. Estrutura floral das angiospermas usadas por *Heliconius erato phyllis* (Lepidoptera, Nymphalidae) no Rio Grande do Sul, Brasil. **Iheringia, Sér. Zool.**, Porto Alegre, n. 90, p. 71-84, 2001.

FAEGRI, K.; VAN DER PIJL, L. **The Principles of Pollination Ecology**. 3. ed. Oxford: Ed. Pergamon Press, 1979.

FREGONEZI, J. N.; TURCHETTO, C.; FREITAS, L. B. História biogeográfica e diversificação de *Petúnia e Calibrachoa* (Solanaceae) no campo dos Pampas Neotropicais. **Botanical Journal of the Linnean Society**, v. 171, p. 140-153, 2013.

HAYES, R. F. **Pollinator friendly gardening**: gardening for bees, butterflies, and other pollinators. Beverly: Quarto publishing Group USA, Inc., 2015.

IMPERATRIZ-FONSECA, V. L.; ALVES DOS SANTOS, I; SANTOS FILHO, P. S.; ENGELS, W.; RAMALHO, M.; WILMS, W.; AGUILAR, J. B. V.; PINHEIRO MACHADO, C. A.; ALVES, D. A.; KLEINERT, A. P. Checklist das abelhas e plantas melitófilas no Estado de São Paulo, Brasil. **Biota Neotrop.**, n. 11(1a), 2011.

KLAHRE, U.; GURBA, A.; HERMANN, K.; SAXENHOFER, M.; BOSSOLINI, E.; GUERIN, P. M.; KUHLEMEIER, C. Pollinator Choice in *Petunia* Depends on Two Major Genetic Loci for Floral Scent Production. **Current Biology,** n. 21, p. 730-739, 2011.

LORENZI, H. **Plantas para jardim no Brasil**: herbáceas, arbustivas e trepadeiras. 2. ed. Nova Odessa: Instituto Plantarum, 2015.

OTERO, L. S. **Borboletas**: livro do naturalista. Rio de Janeiro: Fundação de Assistência ao Estudante, Ministério da Educação, 1986.

OTERO, L. S.; MARIGO, L. C. **Borboletas**: beleza e comportamento de espécies brasileiras. Rio de Janeiro: Marigo Comunicação Visual, 1990.

PRADO, M. U.; FREITAS, A. V. L.; FRANCINI, R. B.; BROWN JR., K. S. Guia das borboletas frugívoras da Reserva Estadual do Morro Grande e Caucaia do Alto Cotia (São Paulo). **Biota Neotrop.**, v. 4, n. 1, 2004.

SICK, H. **Ornitologia brasileira.** 4. ed. Rio de Janeiro: Nova Fronteira, 2001.

SOUZA, D. **Todas as aves do Brasil**: guia de campo para identificação. Feira de Santana: Editora DALL, 2004.

SOUZA, V. C.; FLORES, T. B.; COLLETA, G. D.; COELHO, R. L. G. **Guia das plantas do Cerrado.** Piracicaba:Taxon Brasil Editora e Livraria, 2018.

STEHMANN, J. R.; SEMIR, J. Biologia reprodutiva de *Calibrachoa elegans* (Miers) Stehmann & Semir (Solanaceae). **Rev. bras. Bot.**, v. 24, n. 12001.

TESTON, J. A.; CORSEUIL, H. Ninfalídeos (Lepdopetra, Nymphalidae) ocorrentes no Rio Grande do Sul, Brasil. Parte V. *Biblidinae e Limenitidinae.* **Biociências**, Porto Alegre, v. 16, n. 1, p. 33-41, 2008.

TOLEDO, M. C. B.; MOREIRA, D. M. Analysis of the feeding habits of the swallow-tailed hummingbird, *Eupetomena macroura* (Gmelin, 1788), in an urban park in southeastern Brazil. **Braz. J. Biol.**, v. 68, n. 2, p. 419-426, 2008.

VERÇOZA, F. C.; BION, R. F. Polinização de *Lantana fucata* Lindley (Verbenaceae) por *Parides ascanius* Cramer (Lepidoptera: Papilionoidea) na restinga de Grumari. **EntomoBrasilis**, v. 4, n. 1, 2011.